LOW ALTITUDE FALCON
低空猎鹰

经典军用直升机巡礼

A Tour Of Classic Military Choppers

丛书策划　李俊亭
丛书主编　丁宁　屈轶　编著　范绍华　吴银芳

国防工业出版社
National Defense Industry Press

图书在版编目（CIP）数据

低空猎鹰：经典军用直升机巡礼 / 范绍华，吴银芳编著 . -- 北京：国防工业出版社，2025.5. --（武器装备知识大讲堂丛书）. -- ISBN 978-7-118-13587-9

Ⅰ . E926.396-49

中国国家版本馆 CIP 数据核字第 2025KC9807 号

低空猎鹰：经典军用直升机巡礼

责任编辑　刘汉斌

出版	国防工业出版社（北京市海淀区紫竹院南路 23 号　邮政编码 100048）
印刷	雅迪云印（天津）科技有限公司印刷
经销	新华书店
开本	710mm×1000mm　1/16
印张	21
字数	365 千字
版次	2025 年 5 月第 1 版第 1 次印刷
印数	1—6000 册
定价	88.00 元

（本书如有印装错误，我社负责调换）

国防书店：(010) 88540777　　书店传真：(010) 88540776

发行业务：(010) 88540717　　发行传真：(010) 88540762

CONTENT ABSTRACT
内容简介

本书以通俗易懂的语言、图文并茂的方式，精心遴选军用直升机问世以来的经典型号，全面解读其诞生历程、性能特点、衍生型号、机体结构及作战运用，荟萃军用直升机在局部战争和武装冲突中的经典战例，揭秘军用直升机背后鲜为人知的轶闻趣事，带你领略"低空猎鹰"的风采。

本书适合广大青少年、直升机爱好者，以及关心航空事业的读者阅读和收藏。

开场白 Prologue

在现代战争舞台上,军用直升机就像披坚执锐的勇士,在"一树之高"的超低空,或独来独往,或群狼出猎,演绎着一幕幕惊心动魄的传奇。是否拥有高性能军用直升机,已成为衡量一个国家武器装备现代化水平的重要标志之一。

直升机受地形限制较少,起飞不需要跑道,可以做低空、低速和机头方向不变的机动飞行,特别是可以在小面积场地垂直起降,广泛运用于各种军事行动中。如果没有直升机,五彩斑斓的航空世界将显得单调和乏味;如果没有军用直升机,现代化的战场将缺少一个充满故事的角色。数十年来,军用直升机经历了多次规模不等的战争洗礼和冲突考验,尤其在越南战争、中东战争、两伊战争、海湾战争等几次规模较大的局部战争中,更是屡建奇功,堪称"空中奇兵""机降先锋""反潜健将""强击勇士"和"空运能手"。

近年来,军用直升机的性能得到大幅提升,彰显出强大战力,成为各国军队竞相追求的"香饽饽"。世界上能研制军用直升机的国家以美国和苏联/俄罗斯最具代表性,其研制的军用直升机技术先进、型谱齐全,其他国家研制的军用直升机也各有所长。国外军用直升机的发展,不仅更加注重装备体系构建,更加突出重点装备,而且从平台型向多功能型方向发展,用持续的现代化升级改造延伸直升机生命周期,同时追求高性能和高"可靠性、维修性、保障性"并重。

  直升机自诞生以来,就没有停下发展的脚步。直升机在增强原有火力、机动力、防护力的基础上又发展了电子战、数据链、武器链、战术互联和态势感知等能力,未来聚焦高速将成为直升机发展的主旋律,并大力向增强隐身性能方向发展,人工智能也将开启直升机智能化发展的新纪元。我们相信在不久的将来,军用直升机家族将会以全新的面貌呈现在世人面前。

编者

2025 年 3 月

CONTENTS 目录

1 走近"低空猎鹰"——探秘直升机的前世今生 / 01

创意的诞生——从启蒙想法到落地 / 01
一步之遥的成功——从首次试飞到量产 / 04
百舸争流千帆竞——从崭露头角到迭代新生 / 07
五花八门——军用直升机的分类 / 14
小旋翼大作为——直升机的用途 / 18

2 "山姆大叔"之翼——美国直升机 / 20

旧瓶装新酒——AH-1W"超眼镜蛇"攻击直升机 / 21
丑小鸭变白天鹅——AH-1Z"蝰蛇"攻击直升机 / 25
暴躁的低空猛兽——AH-64"阿帕奇"攻击直升机 / 31
直升机中的"F-117"——RAH-66"科曼奇"攻击直升机 / 38
呆萌大青蛙——CH-37"摩杰吾"运输直升机 / 44
空中"大力士"——CH-53"海上种马"运输直升机 / 47
空中吊车——CH-54"塔赫"运输直升机 / 53
飞行车厢——CH-46"海上骑士"运输直升机 / 57
空中巨无霸——CH-47"支奴干"运输直升机 / 63
美国老爹——UH-1"依洛魁"轻型直升机 / 70
通用之王——UH-60"黑鹰"多用途直升机 / 74
隐蔽天眼——OH-6"卡尤斯"轻型直升机 / 80
成功逆袭——OH-58D"基奥瓦勇士"直升机 / 84
猎鲨能手——SH-2"海妖"多用途直升机 / 89
宝刀不老——SH-3"海王"反潜直升机 / 95
海上雄鹰——SH-60"海鹰"反潜直升机 / 99

■ 低空霸主傲立苍穹尽显王者风范　铁血战鹰翱翔九天笑傲风云变幻

飞行香蕉——CH-21"肖尼人"搜救直升机 / 102
变形金刚——V-22"鱼鹰"旋翼直升机 / 105
空中消防车——K-600"哈斯基"通用直升机 / 110
独眼蜻蜓——贝尔-47"苏族人"轻型直升机 / 113
超级靠谱——贝尔206"喷气游骑兵"多用途直升机 / 118
无形杀手——EH-60电子战直升机 / 120
一键飞行——X2"双倍"攻击直升机 / 125
未来之鹰——X-49A"速度鹰"远程复合直升机 / 129
直升机界"扛把子"——S-97"入侵者"武装侦察直升机 / 131
"鱼鹰"不死——V-280"勇敢"通用倾转旋翼机 / 136

3 红色"暴力美学"的杰作——苏联/俄罗斯直升机 / 142

苏联版"鱼鹰"——卡-22"铁环"重型直升机 / 143
反潜利器——卡-27"蜗牛"反潜直升机 / 149
海上猎手——卡-29"蜗牛"B突击运输直升机 / 154
飞行的雷达站——卡-31"螺旋"预警直升机 / 159
海上救援者——卡-32"蜗牛"C舰载直升机 / 164
震撼世界的"狼人"——卡-50"黑鲨"攻击直升机 / 167
一树之高"杀手"——卡-52"短吻鳄"武装直升机 / 173
俄国"黑鹰"——卡-60"逆载鲸"多用途直升机 / 178
玉汝于成——米-4"猎犬"运输直升机 / 183
曾经的王者——米-6"吊钩"运输直升机 / 186
空中AK-47——米-8"河马"运输直升机 / 190
空中吊车——米-10"哈克"起重直升机 / 195
空中巨兽——米-12"信鸽"重型直升机 / 199
盘旋的杀手——米-14"烟雾"水陆两用直升机 / 204
性价比之王——米-17"河马"H运输直升机 / 207
飞行的步兵战车——米-24"雌鹿"攻击直升机 / 213
侠之大者——米-26"光环"运输直升机 / 219

CONTENTS 目录

阿帕奇斯基——米-28"浩劫"攻击直升机 / 224

4 西洋"低空旋风"——欧洲直升机 / 232

改装成功的典范——法国"云雀"Ⅲ轻型直升机 / 233
老而弥坚——法国"小羚羊"轻型直升机 / 236
凤凰涅槃——法国"海豚"多用途直升机 / 239
战斗的"海豚"——法国"黑豹"多用途直升机 / 242
频频出镜——法国"美洲豹"运输直升机 / 245
拿来主义——法国SA-321"超黄蜂"多用途直升机 / 248
全球畅销——意大利A-109"燕子"轻型直升机 / 254
空中悍将——意大利A-129"猫鼬"轻型直升机 / 260
潜艇克星——英国"海王"反潜直升机 / 265
马岛战争的明星——英国"山猫"多用途直升机 / 269
萌萌的凶兽——英国AW159"野猫"武装直升机 / 273
技术先锋——德国BO105多用途直升机 / 275
空中利刃——欧洲"虎"式武装直升机 / 279
空中多面手——欧洲EH-101"灰背隼"多用途直升机 / 285
空中小强——欧洲AS555"非洲狐"轻型直升机 / 289

5 "翼"海拾贝——其他国家直升机 / 292

低空小精灵——南非"茶隼"攻击直升机 / 293
南亚飞鹰——印度"极地"轻型直升机 / 300
高原"撒手锏"——印度"普拉昌德"轻型直升机 / 305
东瀛空中英豪——日本OH-1"忍者"侦察直升机 / 309
高丽猛禽——韩国KUH-1"完美雄鹰"通用直升机 / 316
波斯空中骄子——伊朗"风暴"武装直升机 / 323

走近"低空猎鹰"——
探秘直升机的前世今生

直升机是指依靠发动机带动旋翼产生升力和推进力的一种航空器。它能垂直起落、空中悬停、原地转弯，能前飞、后飞、侧飞；能在野外场地垂直起飞和着陆，不需要专门的机场和跑道；能贴近地面飞行和长时间悬停，超越障碍，或利用地形地物隐蔽活动；能吊运体积大的武器装备，不受本身容积的限制。军用直升机广泛应用于对地攻击、机降登陆、武器运送、后勤支援、战场救护、侦察巡逻、指挥控制、通信联络、反潜扫雷、电子对抗等，是现代军队的重要武器装备之一。

创意的诞生——从启蒙想法到落地

（1）中国的"竹蜻蜓"昭示了旋翼原理。

中国的"竹蜻蜓"和意大利人达·芬奇的直升机草图，为现代直升机的发明提供了启示，指出了正确的思维方向，它们被公认是直升机发展史的起点。

中国的"竹蜻蜓"

（2）达·芬奇的设计蓝图解开了飞行之谜。

19世纪末，在意大利的米兰图书馆发现了1475年达·芬奇的一张关于直升机的想象图。这是一个用上浆亚麻布制成的巨大螺旋体，看上去好像一个巨大的螺丝钉。它以弹簧为动力旋转，当达到一定转速时，就会把机体带到空中。驾驶员站在底盘上，拉动钢丝绳，以改变飞行方向。西方人都认为，这是最早的直升机设计蓝图。

达·芬奇设计的飞机螺旋桨模型

保罗·科尔尼的"飞行自行车"

（3）人类第一架直升机垂直升空。

1907年8月，法国人保罗·科尔尼研制出一架全尺寸载人直升机，并在同年11月13日试飞成功。这架直升机被称为"人类第一架直升机"。这架名为"飞行自行车"的直升机机身总长6.20米，重260千克，不仅靠自身动力离开地面0.3米，完成了垂直升空，而且还连续飞行了20秒时间，实现了自由飞行。保罗·科尔尼研制的直升机带两副旋翼，主结构为一根V形钢管，机身由V形钢管和6个钢管构成的星形件组成，并采用钢索加强，增加框架结构的刚度。V形框架中部安装一台24马力的Antainette发动机和操作员座椅，两端各装一副直径为6米的旋翼，每副旋翼有2片桨叶。

一步之遥的成功——从首次试飞到量产

（1）第一种试飞成功的直升机。

1936年，德国福克公司在对早期直升机进行多方面改进之后，公开展示了自己制造的FW-61直升机，创造了多项世界纪录。这是一架机身类似固定翼飞机，但没有固定机翼的大型双旋翼横列式直升机，它的两副旋翼用两组粗大的金属架分别向右上方和左上方支起，水平安装在支架顶部。桨叶平面形状是尖

FW-61 直升机

削的，用挥舞铰和摆振铰连接到桨毂上。利用自动倾斜器使旋翼旋转平面倾斜进行纵向操纵，通过两副旋翼朝不同方向倾斜实现偏航操纵。旋翼桨叶总距是固定不变的，通过改变旋翼转速来改变旋翼拉力。利用方向舵和水平尾翼来增加稳定性。旋翼毂上装有周期变距装置，在旋翼旋转过程中可改变桨叶桨距。还有一根可变动桨距的操纵杆来改变旋翼面的倾斜度，以实现飞行方向控制。FW-61 就是靠这套周期变距装置和操纵杆保证了它的机动飞行。

FW-61 旋翼直径 7 米。动力装置是一台功率 140 马力的活塞发动机。这是世界上第一架具有正常操纵性的直升机，时速 100 ～ 120 千米，航程 200 千米，起飞重量 953 千克。

（2）第一架实用直升机。

1939 年春，美国的伊戈尔·西科斯基完成了 VS-300 直升机的全部设计工作，同年夏天制造出一架原型机。这是一架单旋翼带尾桨式直升机，装有三片桨叶的旋翼，旋翼直径 8.5 米，尾部装有两片桨叶

VS-300 直升机

R-4 直升机

的尾桨。其机身为钢管焊接结构,由 V 形皮带和齿轮组成传动装置。起落架为后三点式,驾驶员座舱为全开放式。动力装置是一台四气缸、75 马力的气冷式发动机。这种单旋翼带尾桨直升机构型成为现在最常见的直升机构型。

（3）第一种投入批量生产的直升机。

R-4 直升机是美国西科斯基公司 20 世纪 40 年代研制的一种双座轻型直升机,是世界上第一种投入批量生产的直升机,也是美国陆军航空兵、海军、海岸警卫队和英国空军、海军使用的第一种军用直升机。

百舸争流千帆竞——
从崭露头角到迭代新生

（1）第一代直升机。

20世纪40年代至50年代中期，是直升机发展的第一阶段，这个阶段的典型机种有：美国的S-51、S-55/H-19、贝尔-47，苏联的米-4、卡-18，英国的布里斯托尔-171，捷克的HC-2等。这个阶段的直升机可称为第一代直升机。第一代直升机具有以下特点：动力源采用活塞式发动机，这种发动机功率小，比功率低（约1.3千瓦/千克），比容积低（约247.5千克/米^3）；采用木质或钢木混合结构的旋翼桨叶，寿命短，约600飞行小时；桨叶翼型为对称翼型，桨尖为矩形，气动效率低，旋翼升阻比为6.8左右，旋翼效率通常为0.6；机体结构采用全金属构架，空重与总重之比较大（约0.65）；没有必要的导航设备，只有功能单一的目视飞行仪表，通信设备为电子管设备；动力学性能不佳，最大飞行速度低（约200千米/小时），

贝尔-47直升机

振动水平在 0.25g 左右，噪声水平约 110 分贝，乘坐舒适性差。

（2）第二代直升机。

20 世纪 50 年代中期至 60 年代末，是直升机发展的第二阶段。这个阶段的典型机种有：美国的 S-61、贝尔 209/AH-1、贝尔 204/UH-1，苏联的米 -6、米 -8、米 -24，法国的 SA321 "超黄蜂"等。这个阶段开始出现专用武装直升机，如 AH-1 和米 -24。这些直升机称为第二代直升机。第二代直升机具有以下特点：动力源开始采用第一代涡轴发动机，涡轴发动机产生的功率比活塞式发动机大得多，使直升机性能得到很大提高。

米 -8 直升机

（3）第三代直升机。

20 世纪 70 年代至 80 年代，是直升机发展的第三阶段。这个阶段的典型机种有：美国的 S-70/UH-60 "黑鹰"、S-76、AH-64 "阿帕奇"，苏联的卡-50、米-28，法国 SA365 "海豚"，意大利的 A129 "猫鼬"等。这些直升机称为第三代直升机。在这一阶段，出现了专门的民用直升机，也设计制造了专用的直升机研究机（如 S-72 和贝尔 533）。世界各国竞相研制专用武装直升机，促进了直升机技术的发展。第三代直升机具有以下特点：涡轴发动机发展到第二代，改用了自由涡轴结构，因此具有较好的转速控制特征，改善了起动性能，但加速性能没有定轴结构优异。第

AH-64 "阿帕奇" 直升机

三代直升机发动机的重量和体积有所减小，寿命和可靠性均有提高。

（4）第四代直升机。

20世纪90年代，是直升机发展的第四阶段，出现了目视、声学、红外及雷达综合隐身设计的武装侦察直升机。这个阶段的典型机种有：美国的RAH-66和S-92，国际合作的"虎"、NH90和EH-101等。这个阶段的直升机称为第四代直升机。第四代直升机具有以下特点：采用第三代涡轴发动机，虽然仍采用自由涡轴结构，但是采用了先进的全权限数字式发动机控制系统和自动监控系统，并与机载计算机管理系统集成在一起，有了显著的技术进步和综合特性。第三代涡轴发动机的耗油率仅为0.28千克/千瓦小时，低于活塞式发动机的耗油率。其代表性的发动机有

S-92直升机

T800、RTM322 和 RTM390。桨叶均采用碳纤维、凯夫拉等高级复合材料制成，桨叶寿命达到无限。新型桨尖形状繁多，较突出的有抛物线后掠形和先前掠再后掠的 BERP 桨尖。这些新型桨尖的共同特点是减弱桨尖的压缩性效应，改善桨叶的气动载荷分布，降低旋翼的振动和噪声，提高旋翼的气动效率。

（5）第五代直升机。

21 世纪初以来是直升机发展的第五阶段，其主要技术特征是具有隐身作战能力，飞行速度大于 400 千米/小时，作战半径大，可全天候执行任务，能携带空空导弹与战斗机格斗，操控性能好、机动能力强，具有很强的信息作战能力。第五代直升机的技术特点如下。

一是采用智能材料制成的自适应旋翼。其制动器可根据不同飞行方式使桨叶扭转达到最佳化。还可以采用可变直径技术旋翼，该旋翼在垂直起落和悬停时直径变大，而在前飞时直径变小，这样旋翼能更好地适应不同飞行状态，从而提高效率。

二是采用更为先进的涡轴发动机。这种发动机比以前的发动机体积更小、重量更轻和功率更大，具有耗油率低、大修间隔时间长的特点，装有先进的数字式电子控制系统和自动化故障诊断系统，大大提高了可靠性。同时，这种发动机采用模块化设计，便于维护。

三是采用模块化复合材料机体结构。无论是机身次要结构还是主要结构，都将采用复合材料制造，复合材料将占机体结构重量的 60% 以上。复合材料机体不仅大幅减轻结构重量,还可以减少雷达波的反射,提高隐身效果。模块化设计则便于修理和维护。

四是采用智能化电子系统。以数字式电子计算机为基础的驾驶、导航和瞄准综合系统,将大大减轻飞行员的工作负荷,提高工作效率。

直升机从古代漫长的构想,到近代的设计与探索,再到20世纪上半叶发明成功至今,已经经历了半个多世纪的发展。第一代和第二代之间最大的区别在于动力装置,第一代直升机采用活塞式发动机,而第二代直升机采用涡轴发动机。第二代和第三代直升机的重要区别在于升力系统的结构材料,第二代直升机采用全金属桨叶,而第三代直升机采用玻璃钢桨

S-97"入侵者"武装侦察直升机

叶。第三代与第四代直升机的重要区别在于电子系统，第三代直升机采用半综合的电子系统，而第四代直升机采用电传飞行控制系统。第四代和第五代直升机的主要区别在于速度和智能化，第五代直升机在速度上有大幅提升，安装第四代涡轴发动机，逐步引入人工智能技术，采用智能旋翼和电传光传飞行控制系统，机体为全复合材料。

每一代新直升机的问世，都是直升机关键技术创新的结果。直升机的孕育过程之所以如此艰难，主要是由于三种关键技术阻碍了其发展。第一种关键技术是大功率/重量比的发动机，第二种关键技术是平衡旋翼旋转时产生的扭矩，第三种关键技术是飞行控制。蒸汽机的出现曾为直升机带来一线希望，但很快被否定，直到内燃机的出现才使发动机符合了直升机的要求，克服了直升机扭矩问题，最常见的方法是采用单旋翼＋尾桨布局。除此之外，还有纵列双旋翼、横列双旋翼和共轴双旋翼的布局形式。至于飞行控制问题，通常的做法是在旋翼毂上设置挥舞铰，以及旋翼桨叶变距机构。在这个过程中，西班牙人胡安·谢尔瓦功不可没，他最早在其发明的"自转旋翼机"上安装挥舞铰，对直升机技术的成熟和发展，产生了重要的影响。

五花八门——军用直升机的分类

军用直升机包括武装直升机、运输直升机和战斗勤务直升机三大类。

第一类军用直升机是武装直升机。这类直升机装有武器系统，用于攻击地面、水面（或水下）及空中目标，因此它也被称为攻击直升机或战斗直升机。现代武装直升机机载武器系统通常包括反坦克（装甲）导弹、反舰导弹、空空导弹、航炮、火箭及机枪等。按不同的作战任务，武装直升机有多种武器配挂方式。通常，武装直升机具有装载上述多种武器的能力，可以执行多种攻击任务，实现"一机多用"。由于飞行重量、性能及使用等多方面的要求或限制，也有专门或主要执行某种任务的武装直升机，因此武装直升机又可分为以下几种。

（1）**强击直升机**。主要用于执行对地面、水面目标的攻击任务。也可携带空空导弹或航炮，具有对空攻击或自卫的能力，但其主要使命是配合地面部队作战，用于消灭敌方装甲等各种软硬目标，实施火力支援，这是现代武装直升机的主要用途。

（2）**空战（歼击）直升机**。主要用于对付空中目标，如敌方直升机、低空飞行的固定翼飞机或其他飞行器，争夺超低空（通常是高度150米以下）制空权，也可为己方运输直升机和战勤直升机护航。

（3）**反舰直升机**。主要用于攻击敌方舰船目标。

（4）**反潜直升机**。主要用于执行反潜作战任务，通常装有搜索和探测潜艇的设备及鱼雷、深水炸弹等武器。

第二类军用直升机是运输直升机。这类直升机主要用于执行运送作战人员、武器装备及各种军用物资、器材等任务。这类直升机具有大小不等的运载能力，但任务类型都是运输，包括使用重型直升机对大型武器装备或物资的吊运。

第三类军用直升机是战斗勤务直升机，简称为"战勤直升机"，是用于执行各种特定作战勤务的直升机的统称。根据执行侦察、通信、指挥、电子对抗、校射、救护、营救、布雷、扫雷、中继制导和教练等不同任务的需要，这类直升机配备有完成特定任务的机载任务设备，成为某种专用的战勤直升机。战斗勤务直升机通常有以下 10 种。

（1）**侦察直升机**。配备专用侦察设备，用于执行空中侦察任务。

（2）**通信直升机**。配备专用通信设备，用于执行空中通信（或中继通信）任务。

（3）**指挥直升机**。配备作战指挥、观察、通信等设备，用于实施空中指挥（主要是对己方直升机进行指挥）。

（4）**电子对抗直升机**。配备电子对抗设备，主要用于执行电子对抗任务。

（5）**校射直升机**。配备空中校射设备，用于为炮兵指示目标和校正射击。

（6）**救护直升机**。配备担架、备有医护人员及简易救护设备，用于将伤病人员运送至医院或指定地点。这种直升机通常由运输直升机加装担架（可快速拆装）等设施组成，配备较全面的检测诊断设备和多种手术设备。能在救护现场实施手术治疗的大型直升机被称为"空中医院"，实际上它也是救护直升机的一种。

（7）营救直升机。配备搜索设备、救援设备（如救生绞车、急救医疗设备等）和精确定位设备，用于对遇险人员的救援（如对紧急跳伞着陆飞行人员的寻找和救生）。

（8）布雷、扫雷直升机。配备布雷或扫雷设施，用于实施布雷、扫雷作业。

（9）中继制导直升机。配备导弹制导设备，用于将目标信息传输给飞行中的导弹，并引导导弹命中目标。

（10）教练直升机。配备双座、双操纵系统，专用于飞行员的训练，通常是进行驾驶术训练，而战术飞行训练应在武装直升机、运输直升机或各种战勤直升机上进行。各类直升机均可用于训练，尤其是高级驾驶术和战术训练，但这些直升机不被称为专用的教练直升机。

除了上述按所担负的任务分类外，军用直升机还可按其他方法进行分类。例如，按允许的起降场地进行分类，可分为只能在陆地起降的陆用直升机（大部分直升机属于这一类）、既可在陆地也能在水面起降的水陆两用直升机、以军舰或船只为起降基地的舰（船）载直升机。根据现代战场对军用直升机提出的隐身要求，军用直升机在减小雷达散射面积、红外辐射强度，以及光学、声学等目标特性方面采用不同的隐身技术或方法，因而按隐身能力进行分类，可分为隐身直升机、准隐身直升机、非隐身直升机。随着电子技术的发展，出现了可按照一定程序自动飞行或由地面（或他机）进行遥控的直升机（这种直升机没有飞行员），因而可分为有人驾驶直升机和无人驾驶直升机。

2020年9月27日，我国首款高原无人直升机AR-500C在全球海拔最高的民用机场——稻城亚丁机场完成首次高原试飞。此次试飞创造了国产无人直升机起降高度新纪录，标志着AR-500C无人直升机基本具备全疆域飞行能力。它具备自动起降、自动航线飞行等便捷功能，加装相应设备可应用于应急救援、物资投送、安保消防、森林防火、海事监管、核辐射和化学侦察等领域。

无人直升机AR-500C高原试飞成功

小旋翼大作为——直升机的用途

直升机是执行战术火力支援、反坦克、反潜、反舰、布雷/扫雷、运输、吊装物资、救护、通信指挥及战场侦察与监视的重要军事装备。第二次世界大战以来，特别是在海湾战争、波黑战争、车臣冲突、科索沃战争、阿富汗战争和伊拉克战争等多次局部战争中，军用直升机发挥了重要作用，显现出夺取"一树之高"的超低空制空权的独特优势，成为战场制胜的重要力量。具体来说，军用直升机在现代高科技战争中的主要任务可概括如下。

（1）火力支援和护航。

武装直升机以自身的机载武器系统对敌方地面目标（特别是坦克等装甲目标）发起突然攻击，以掩护和配合地面部队的作战，进行近距离和超低空精确打击。火力支援和护航是武装直升机遂行火力突击作战任务的主要样式，具有居高临下、视野开阔、射击距离远、机动灵活、反应快速、命中精度高、杀伤力强等优势。

（2）机降突击作战。

机降突击作战，也称为机降作战或空中突击作战，是指运输直升机或具有运载能力的多用途直升机依靠自身的运载能力和机动能力，在武装直升机、固定翼飞机等作战力量的支援下，单独将作战部队直接运抵攻击目标周围或敌方的战斗队形中（或腹地）实施攻击的一种战斗行动。其规模一般都不大，多为营或连等小分队。从其作战任务性质看，主要有直接配合地面主力部队作战的战术机降和间接配合主力部队作战的特殊机降（如偷袭、破坏、营救被俘人员等）。

（3）反直升机作战。

具有一定空战能力的武装直升机用机载空空导弹、航炮（机枪）等武器与敌方武装直升机、运输直升机等进行空中格斗。

（4）空运物资或机动兵力、兵器。

运输直升机在战场上运送作战物资和机动兵力、兵器。现代战争中，这已成为直升机的一个重要作战任务和行动样式。

（5）反潜（舰）搜索和攻击。

装备有专门设备的反潜直升机搜索敌方的潜艇或其他水面舰艇，并用深水炸弹、反潜火箭、反潜（舰）导弹等武器对其实施攻击。

（6）空中布雷/扫雷。

使用专用直升机运载一定数量的反坦克地雷或使用炸弹等，从空中实施快速布雷或扫雷作业。

（7）空中预警、通信和电子战。

在直升机上安装以预警雷达为主的电子侦察设备，用以发现远程的高空、低高空或超低空的运动目标；或通过机载通信指挥设备，在空中执行通信（或中继通信）指挥任务；或运用专用电子战直升机实施电子对抗。

（8）战场侦察和校正炮兵射击。

直升机利用机上各种先进的侦察器材侦察敌情，观测己方炮火射击的情况，为炮兵火力的校正提供可靠情报。

（9）运输。

直升机遂行短途、海上运输或其他运输工具难以胜任或完成的任务，如吊装桥梁和工程设备等。

"山姆大叔"之翼——美国直升机

从直升机保有量来看,美国是当之无愧的旋翼大国,一直保持着对世界其他国家的绝对优势。美军拥有6000多架军用直升机,共14个系列45个型号。以2016年美军军用直升机构成为例,从军种看,陆军近4000架(占比68%),海军1600多架(占比27%),空军260多架(占比5%);从使命任务看,武装直升机760架,运输直升机3595架,战斗勤务直升机1491架,武装、运输和勤务直升机比例是1∶5∶2;从起飞重量分类看,大型直升机多达3464架,中、轻型直升机有1357架,重型直升机685架。美军直升机装备型号复杂,每个型号都有各自独立的保障渠道,互操作性不强,导致保障成本节节攀升,保障难度加大。对此,美军提出"未来垂直起降飞行器"研究计划,以优化军用直升机装备结构。

旧瓶装新酒——
AH-1W "超眼镜蛇"攻击直升机

20世纪60年代中期,在越南丛林战场上,美国陆军迫切需要一种高速的重装甲重火力武装直升机,用来为步兵预先提供空中压制火力或为运输直升机提供沿途护航。当时的普通运输直升机已经临时加装了机枪,改装成火力支援和护航直升机。这种改装的直升机不仅速度慢,火力也不强,而且无装甲保护,生存能力差。这种情况下,贝尔直升机公司专门为美国陆军设计制造了AH-1"眼镜蛇"专用反坦克武装直升机,也是世界上第一种反坦克直升机。AH-1于1963年9月首次试飞,1967年开始装备美国陆军和海军陆战队。

AH-1"眼镜蛇"直升机是全天候多功能攻击机,肩负起直接空中支援、反坦克、武力护送和空中作战的使命。它的"陶"式反坦克导弹瞄准系统使用远视装置(发射旋转角110°,仰角60°/+30°),还配备激光跟踪、热成像、前视红外等设备,以全天候捕捉目标、发射或跟踪各种"陶"式导弹。

AH-1W由AH-1T改型而来,1983年11月16日首次试飞成功。美国海军陆战队向贝尔直升机公司订购44架AH-1W"超眼镜蛇"。AH-1W是一种能够在边缘天气(刚达到安全飞行标准的天气)条件下全天时作战的海军陆战队攻击直升机,负责为其他作战和运输兵员、物资的直升机护航。

AH-1W与AH-1T等其他型号直升机的主要区别

AH-1W "超眼镜蛇" 直升机

在于：AH-1W 装有两台通用电气公司的 T700-GE-401 涡轴发动机，代替了 AH-1T 使用的普惠公司 T400-WV-402 涡轴发动机。T700-GE-401 的双发功率为 2423 千瓦，比 T400-WV-402 的功率（1469 千牛）提高近 65%。改型后，AH-1W 传动系统的额定功率为 1513 千瓦，而 AH-1T 传动系统的额定功率为 1423 千瓦。

在海湾战争中，AH-1"眼镜蛇"发挥了极大的作用。AH-1 的主要任务是在白天、夜间及恶劣气候条件下提供近距离火力支援和协调火力支援。它还可执行为突击运输机武装护航、指示目标、反装甲作战、反直升机作战、对付有威胁的固定翼飞机（实施重点防空和有限区域防空）、军事侦察等任务。AH-1W 在"沙漠风暴"行动之前紧急安装了全球定位系统，用于机载武器的精确制导。AH-1W 在这场战争中大显身手，使用"陶"式导弹、20 毫米炮弹和 70 毫米火箭，阻止伊拉克共和国卫队护运队通过幼发拉底河上的公路。在这次行动中，AH-1W 共摧毁对方坦克 97 辆、装甲人员输送车 104 辆、16 个掩体及 2 处高炮阵地，而自身无一损失。

美国海军陆战队根据海湾战争的教训，对其主力作战直升机"超眼镜蛇"做出重大改进，主要是利用无铰无轴承的 4 桨叶旋翼代替原来的双桨系统。改进后的 AH-1（4B）W 的空重只有少量增加，但是最大总重从 6700 千克增至 7630 千克，载运能力提高一倍（从 755 千克增至 1780 千克）。改进后的 AH-1W 飞行性能也将有较大提高，最大速度从 170 节增至 210 节，飞

"超眼镜蛇"直升机

行包线可扩大80%，机动过载范围（−0.5～+3.2）g（对空战十分有利），可在7270千克总重条件下在2600米高空进行无地效悬停。新旋翼系统的振动也远小于原双桨系统，在190节速度范围内，飞行员几乎感觉不到振动，这将极大提高航空电子设备的可靠性。新旋翼系统的使用寿命为10000小时（与机体寿命相当），而原桨叶系统只有2200小时。这种复合材料桨叶可经受23毫米机炮战伤，旋翼系统在干式传动箱情况下可再飞30分钟。"超眼镜蛇"的另一改进是换装了更加先进的"玻璃"座舱。

丑小鸭变白天鹅——
AH-1Z"蝰蛇"攻击直升机

AH-1Z"蝰蛇"的前身是AH-1"眼镜蛇"。AH-1虽然一开始是作为"过渡方案"发展的,至今已服役半个多世纪,但仍具有很光明的发展前景。它的最新型号AH-1Z"蝰蛇"以现役的双发动机AH-1W为基础,结合了大量新技术,是适应21世纪战场需要的"眼镜蛇"。AH-1Z一问世,就立即得到众多买家的关注。

AH-1Z与AH-1W相比,在旋翼、航空电子、动力等方面进行了大量的改进,尤其是航空电子系统已经达到世界先进水平;与AH-64D"长弓阿帕奇"相比,则有过之而无不及。AH-1Z能够携带更多的武器和负载,是一型更有效的作战平台。机上的传感器更先进,对气候的依赖性大大减小,因此能在更远的距离外识别敌方目标,打击更多目标。AH-1Z有比AH-1W先进得多的座舱设计。前后驾驶舱各安装2台大型多功能平面显示器,取消了AH-1W原有的头戴式显示器;2名乘员都有先进的数字头盔显示瞄准系统,相关的飞行、火控资料投射在乘员的头盔面罩上。

AH-1Z拥有由最新技术生产的机身、集成航空电子系统、玻璃座舱、四叶片旋翼系统和升级的动力传动系统,航速、航程、机动性、载荷能力、抗损能力和生存能力都有显著提高。AH-1Z 80%的主要组件和UH-1Y通用,包括T700-GE-401/C发动机和传动系统、尾翼组件、复合材料四叶片旋翼系统、燃料系统、集成航空电子系统和软件、防撞座椅等。这将大大减少后勤支持费用，并使其更适合部署在储存空间狭窄的海军舰船上。

虽然 AH-1Z 名义上是"超眼镜蛇"的改进型，但纵观整个改进过程，其工作量已经不下于开发一种全新的武装直升机了。AH-1Z 保留了大部分 AH-1W 部件，包括机尾、发动机舱门和整流罩、组合变速箱、前机身等，但这些部件也都经过了优化；改进设计并重新制造的部件包括垂直尾翼（增加了升降舵和尾

AH-1Z "蝰蛇"直升机

炮）、变速箱、强化的起落橇架（能够承受 3.6 米 / 秒的撞击）、旋翼动力传动系统、机身整流罩和短翼；全新设计制造的部件包括旋翼系统和机舱。1996—2003 年，AH-1Z 处于研制与发展阶段，共有 3 架 AH-1Z 原型机在帕图森河海军航空兵站进行了一系列性能演示验证。2003 年末，AH-1Z 在演示试验中的最大飞行速度达到 411 千米 / 小时，巡航速度达到 296 千米 / 小时；有效载荷 2500/2800 磅；作战半径 110 海里；机动能力为（-0.5～+2.5）g。2004 年末，AH-1Z 进行了实弹射击试验。

第一架原型机拥有 AH-1Z 的机身和动力传动系统，但未装配先进的航空电子系统。"H-1 改进计划"曾经遇到一些问题，导致计划预算超支并延期。这些问题涉及垂直安定面（有裂缝）、旋翼叶片、叉型支架的液压传动、制造加工、集成航空电子系统等。为此，贝尔直升机公司对设计方案做了相应修改，以确保实现设计目标。最初计划在 2003 财年开始小批量试生产，2006 财年开始服役。2001 年，美国海军陆战队决定将小批量试生产日期推迟到 2004 财年。2003 年 10 月 23 日，美国国防部采办委员会批准"H-1 升级计划"第 1 批直升机的低速试生产。2004 财年有 3 架 AH-1W 改造为 AH-1Z，第 2 批 3 架 AH-1W 在 2005 财年改造。

第 1、2 批共 6 架 AH-1Z 在 2009 年具备初始作战能力。进入全速生产后，每年有 24 架 AH-1W 升级至 AH-1Z，2014 财年交付最后一批，在 2020 年形成持续作战能力。而出口型 AH-1Z 从 2005 年开始交付。

AH-1Z 和 AH-1W 最显著的区别是四叶片旋翼系统。AH-1Z 保留了 AH-1W 上的通用电气公司 T700-GE-401 发动机，但连接了全新的动力传送装置和更大功率的尾部旋转翼，还采用了汉密尔顿标准公司有单独变速箱的辅助动力装置。AH-1Z 空重 5398 千克，最大负载重量 8392 千克。也就是说，相同条件下，AH-1Z 的航程或有效载荷是 AH-1W 的 2 倍。AH-1Z 机身使用了常用的铝、钢、钛合金及其他一些复合材料。尾翼部分直接取自 AH-1W，但安装了新型尾炮，并做了适当修改，以适应 AH-1Z 的更大载荷需求。AH-1Z 换装了全新的武器挂载短翼，更长、更厚，强度也更大。短翼的每个吊舱都拥有智能化接口，为适应翼下悬挂负载重量的增加，AH-1Z 加固了中部机体。AH-1Z 依靠新型发动机及新旋翼提供的更大推力，可以在短翼下方的 4 个挂载点全部加挂四联装"海尔法"导弹，使其火力与 AH-64 不相上下。AH-1Z 短翼厚度增加的主要原因是在其内部增设了容量 51 加仑（189 升）的油箱，使 AH-1Z 的航程增加，作战半径超过了 AH-1W 和 AH-64。与 AH-1W 相比，AH-1Z 的有效载荷增加 56%，机内燃油载量增加 33%。此外，AH-1Z 的水平尾翼比 AH-1W 后挪了一段距离，并在翼尖增加了垂直安定面。

在伊拉克战争中，AH-1W 的卫星定位系统和惯性导航系统性能稳定，不过夜间指示系统却不尽如意。AH-1Z 的主要任务传感器系统为洛克希德·马丁公司的新型 AN/AAQ-30 "鹰眼"光电火控目标瞄准系统。该系统位于 AH-1Z 机鼻的光电旋转塔内，内

"蝰蛇"直升机

含第三代前视红外雷达、高分辨率电视摄影机、激光目标指示，测距仪、激光照射追踪仪、惯性测量组件、视轴模块和电子组件。"鹰眼"系统是目前世界上最先进的光电侦察搜索系统之一，其第三代前视红外雷达最大搜索距离32千米，目标识别距离18.7千米，敌我识别距离9.3千米。"鹰眼"系统具有专门的影像处理运算技术，使用时目标识别距离可进一步延伸至26千米，敌我识别距离则可延伸至14.5千米。AH-1Z的集成航空电子系统能够控制传感器指向数字地图上的任何指定目标。

暴躁的低空猛兽——
AH-64"阿帕奇"攻击直升机

AH-64直升机是美国休斯直升机公司根据美国陆军1972年11月提出的"先进攻击直升机"计划研制的先进攻击直升机。这种直升机能在恶劣气象条件下全天时执行反坦克任务，具有很强的战斗、救生和生存能力，代表美国20世纪80年代技术水平。公司编号为休斯77，美国陆军编号为AH-64A/B/C/D，1981年末正式命名为"阿帕奇"。阿帕奇是北美洲印第安人的一个部落，生活在美国的西南部。相传阿帕奇是一

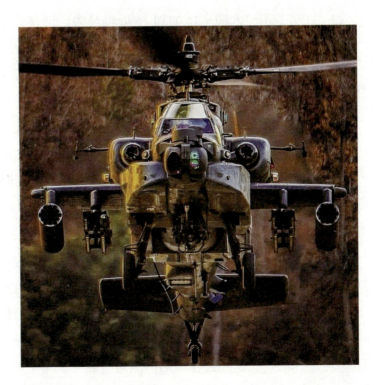

AH-64"阿帕奇"直升机

个武士，他英勇善战，且战无不胜，被印第安人奉为勇敢和胜利的代表，因此后人便用他的名字为印第安部落命名，而阿帕奇族在印第安历史上也以强悍著称。

"阿帕奇"的整体尺寸不算大，C-5运输机可装载6架"阿帕奇"，C-17可装载3架，比苏联/俄罗斯的米-28小。"阿帕奇"机身长15.5米，主旋翼直径14.63米，高4.95米，机翼翼展5.23米，带上翼梢导弹挂架5.82米。空重5352千克，全重7480千克，机内油量1108千克，可外挂4个880升副油箱，转场时全重可达10100千克。动力装置为两台通用电气公司的T700-GE-701型涡轴发动机，每台最大功率1696轴马力；改用T700-GE-701C型，则每台最大功率增加到1890轴马力。即使在一台发动机损坏的紧急情况下，发动机功率仍可加大到1940轴马力。"阿帕奇"最大速度365千米/小时，巡航速度260千米/小时，升限6400米，悬停升限有地面效应5245米，作战半径约400千米，转场航程1890千米，留空时间1小时50分，最大使用过载3.5g，可在前后坡度不大于12°、左右坡度不大于10°的倾斜地面起降。

作为一种"先进的攻击直升机"，"阿帕奇"在总体上的设计是非常成功的，尤其是在结构设计上很有特色，从而保证了其具有比较好的基本性能和生存能力，以至于在以后的改进改型中，在机体设计上基本没有大的变化。直升机最关键的部件是旋翼，"阿帕奇"采用四片桨叶全铰接式旋翼系统，旋翼桨叶翼型是经过修改后的大弯度翼型。为了改善旋翼的高速性能，在生产型上采用了后掠桨尖。旋翼直径14.63米，桨叶弦长 0.53 米，扭转角 -9°。桨叶上装有除冰装置，也可以折叠或拆卸。尾桨位于尾梁左侧，四片桨叶分两组非均匀分布，桨叶之间的夹角分别为 55° 和 125°。机身采用传统的半硬壳结构，后面有垂尾和水平尾翼，尾梁可以折叠。机身前方为纵列式座舱，副驾驶员 / 炮手在前座、驾驶员在后座，后座比前座高 48 厘米，视野良好。驾驶员靠近直升机转动中心，很容易感觉直升机的姿态变化，有利于驾驶直升机贴地飞行。两台通用电气公司的 T700-GE-701 涡轴发动机，并列安装在机身的两个肩部，单台最大功率 1265 千瓦。机身中部两侧还装有一对小展弦比短翼，翼下各有两个外挂点，后缘有襟翼，它们的主要作用是携带武器和为直升机提供部分升力。起落架为大多数直升机所普遍采用的后三点式，但起落架不能收放。

1985 年 4 月 4 日，第 14 架 AH-64A 演示了自部署能力。这架直升机带有 4 个 871 升燃油的外挂油箱，从梅萨到圣巴巴拉进行了 1891 千米的不间断飞行，到达目的地后仍有 30 分钟余油。为实施远航程部署能力，也可将 AH-64A 装在 C-141B"运输星"和 C-5"银河"大型运输机中运输。AH-64A 于 1986 年 7 月获得初始作战能力。到 1991 年 12 月，美军建立了 24 个 AH-64A 作战大队（原计划建立 39 个），其中一半驻扎在美国本土。1989 年 12 月，美国入侵巴拿马，11 架 AH-64A 首次参战。在 1991 年 2—3 月的海湾战争中，美军共出动 288 架次"阿帕奇"参战。1991 年 1 月 17 日凌晨，美军 8 架"阿帕奇"瞄准沙特正北方的 2 个伊拉克预警雷达阵地，仅用 4 分钟就将伊拉克预警雷达阵地彻底摧毁，摘去了伊拉克苏式防空系统的"眼珠"。

"阿帕奇"总体设计先进，飞行性能优良，具有全天候作战能力。第一，隐身性能好。其机身及部件采用多种隐身、扰毁新技术。例如，最易被红外雷达发现的发动机排气管，采用特殊材料，充分吸收来自发动机的气流热量，并把它辐射到周围的空气中，以抑制发动机排气火舌的红外辐射、降低排气管温度，以减少红外辐射的新技术，从而达到隐身的目的。第二，防护性能好。"阿帕奇"机身、座舱、旋翼及传动系统、油箱都有装甲防护，不仅能抗住12.7毫米枪弹打击，而且机身上95%表面的任何一个部位被一发23毫米炮弹击中后，仍可飞行30分钟。第三，生存能力强。为了提高人员生存能力，"阿帕奇"两台发动机中间由机身隔开，相距较远，这就排除了两台发动机同时被击毁的可能性。同时，机身采用传统的半硬壳式蒙皮，在直升机遭到打击而坠毁时，抗

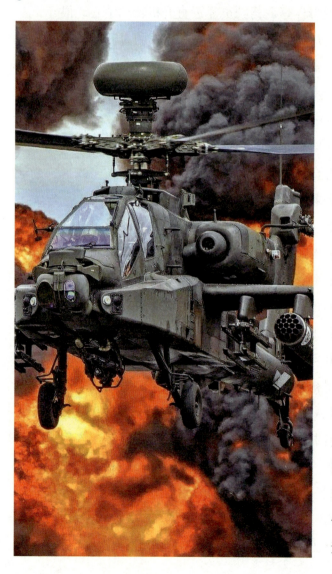

"阿帕奇"直升机

坠毁机头可充分吸收能量，使其以 12.8 米 / 秒的垂直速度坠毁触地时乘员的生存概率达到 95%。

除装有一般的通信、导航和救生设备外，"阿帕奇"还装有目标截获 / 识别系统和飞行员夜视系统，使它在复杂气象条件下具有作战能力，实现贴地飞行。"阿帕奇"机载武器是比较强的，装有一门 XM-230-EI 型 30 毫米链式机炮，备弹 1200 发，正常射速为每分钟 625 发，这种机炮的炮弹可与北约组织所采用的"阿登"和"德发"机炮炮弹互换使用，具有很强的通用性。两侧短翼下共有 4 个外挂架，可携带 16 枚"海尔法"半主动激光制导的反坦克导弹；如果选装 70 毫米的火箭弹，每个挂架下可挂载一个 19 管火箭发射器，最多可携带 76 枚火箭。这样的配置在现役武装直升机中也是少有的，它可以同时攻击多个地面目标。

海湾战争后，美军针对"阿帕奇"在雨天、烟、雾中探测目标受限的状况，改进了红外和电视扫描系统，安装了功率更大的 T700-GE-701C 发动机，在旋翼轴上换装了可全天候工作的"长弓"毫米波雷达，机上装备了"发射后不管"的"海尔法"反坦克导弹和"毒刺"空空导弹，改进了座舱（采用整体"玻璃"座舱）、多普勒导航系统和数据调节器，有抗电磁干扰的加固措施，新型武器处理机和新型惯性制导系统。不论天气状况如何，"长弓"雷达都可搜索、跟踪、引导导弹击中目标，并能逃避对方前视红外探测系统和电视跟踪，将对方雷达的频率、位置在导弹发射前锁定，真正做到百发百中，使其具有全天候作战能力。

改进后的"长弓阿帕奇"AH-64D 命中率比 AH-64A 提高 4 倍，生存率提高 7.2 倍；每飞行小时需 3.4 个维护人员进行维护，比 AH-64A 减少了 1/3；座舱内的开关总数从过去的 1250 个减少到了 200 个，并全部位于操纵杆和控制盘上。AH-64D 仍保留了 AH-64A 的夜视设备和目标截获/指示系统及重要飞行仪表，将原来的黑白显示器改成了彩色液晶显示器，需要时还可进一步升级为能显示地形海拔变化的彩色地图屏显装置。"长弓"雷达可进行 360° 的全方位连续扫描，也可以对某个扇区进行重点扫描，能够同时跟踪 128 个目标，并将最危险的 16 个威胁目标从数据链上传送给其他飞机，然后在 30 秒内发起第一次精确打击。改进后的 AH-64D 起飞重量增加了 500 千克，因此采用了两台功率更大的 T700-GE-701C 型涡轮发动机，单台最大功率达到 1409 千瓦，发动机尾部有红外抑制装置。波音公司梅萨工厂为此研制了 AH-64D 的桨叶折叠系统，使得主旋翼能沿机身方向折叠，无须像以往那样拆卸桨叶方能装机。经过这一改进，一架 C-5 运输机可装载 6 架"阿帕奇"，机组成员和组装维护人员也可同机运送。

"阿帕奇"自 1984 年问世以来，共生产 2700 多架，身影遍布全球 18 个国家和地区。2024 年 2 月，美国犹他州盐湖城一派冬日景象，白雪皑皑的落基山脉俯瞰着南谷机场，一架 AH-64D 侧翻在地。损毁的 AH-64D 机身上，主旋翼和尾桨已不见踪影，只剩下左侧短翼下的火箭发射器为这个"坦克杀手"保留了

AH-64D 侧翻犹他州

些许颜面。据统计，2024年以来美军已有6架"阿帕奇"坠毁，造成12人死亡，损失超过3.12亿美元。即便是"不差钱"，高事故率也令美军心有余悸。此次坠机事故，反映出美军内部训练管理松散、训练质量不高等问题，已经引起美军高层关注。除了进行事故调查、机型停飞、追究责任外，美军开始论证联合训练中适应性飞行课目的规范性问题，明确没有获得相应资质的飞行员不能参加飞行训练等具体规定。

直升机中的"F-117"——
RAH-66"科曼奇"攻击直升机

RAH-66 直升机是双座武装、对地攻击和空战直升机,其研制计划由美国陆军发起,在 1996 年 1 月制造了 1 架样机并进行了首飞。根据陆军直升机的传统,以印第安部落的名字定名为"科曼奇"。"科曼奇"能满足"21 世纪部队"的以下 5 项要求:快速反应支援作战、保护地面部队、信息战优势、遂行精确打击和主宰机动作战。

"科曼奇"采用无轴承单旋翼、涵道尾桨气动布局。主旋翼有 5 片桨叶,涵道尾桨有 8 片桨叶,旋翼长 11.90 米,机身长 13.22 米,机身宽 2.31 米,机高 3.36 米,尾翼翼展 2.82 米;在不装设备时重 3402 千克,装设备时重 4546 千克,装载火箭弹时重 7620 千克;巡航速度为 315 千米/秒,最大爬升率为 15.5 米/秒;

RAH-66"科曼奇"直升机

带外部油箱时航程可达2335千米，续航时间为2.5小时。

作为武装直升机时，"科曼奇"可携带4枚"海尔法"半主动激光或雷达制导反坦克导弹，其有效射程超过8千米；还可携带2枚"毒刺"红外制导空空导弹，具有空中自卫能力；还配备有20毫米航炮。作为攻击直升机时，"科曼奇"可携带14枚"海尔法"导弹，62枚70毫米火箭（可广泛撒布子炸弹或灵巧地雷）或14枚"毒刺"导弹。"科曼奇"的全球定位系统、惯性导航系统、多普勒导航系统彼此互补，其目标获取系统、数字化信息传输链相互结合，可使其为远距离指挥官提供及时精确的目标信息，遂行精确打击作战。

"科曼奇"的飞行性能十分优异。它可以83千米/小时的速度侧飞和倒飞，并可以149千米/小时速度进行转弯90°的贴地飞行。它的电传飞行控制系统有助于驾驶员充分利用直升机的最大飞行速度（324千米/小时）和机动性，并使其在悬停状态下用不到5秒钟使机头调转180°。

"科曼奇"具有高度的智能化作战系统、灵活的操纵装置及先进的故障诊断系统。使用的25兆赫处理器处理数据的速度比商用100兆赫处理器快得多，从而可以完成一体化系统自动化所需要的计算工作。将计算机、目标搜索系统、"长弓"雷达和夜视导航系统联网的哈里斯光纤数据总线的容量是美军"阿帕奇""基奥瓦人""黑鹰"直升机使用的1553B总线容量的50～800倍。传感器系统和数字地图的战术数据可显示在座舱显示器、头盔显示器和瞄准系统上。在实施侦察时，驾驶员只要将微波雷达、红外探测器和激光探测器开关置于"自动侦察"部位，"科曼奇"就可自动进行全方位侦察与探测，并自动显示、记录、报告。当有攻击导弹或炮弹来袭时，安全系统就会发出报警，同时显示来袭目标的性质、方位、距离和己方应采取的对抗方式。实施操纵时，"科曼奇"驾驶员只需操纵1个机翼控制器，而不需要用力移动通常飞机的循环和聚合螺距操纵杆和用脚踩踏板。飞行员的手部动作可被转换成计算机信号，通过"有线飞行"控制系统控制飞机的动作。

"科曼奇"装备的智能化故障诊断系统能够诊断直升机所出现的电子故障和机械故障。据了解，故障诊断系统能诊断出航空电子系统和电子故障的98%、机械故障的85%。例如，当直升机出现机械故障时，故障诊断系统就会及时显示出故障元件的图样和对飞机的影响程度，列出所需的维修工具、备用零部件名称的清单，从而指导维修人员进行正确、快速的维修。在维修过程中，故障诊断系统不断给出修理时所需要的技术数据，同时将修理情况自动记录在案，以备下次修理时参考。此外，故障诊断系统还可预告哪些时候出现什么样的故障，这些故障一出现就能及时排除。因此，"科曼奇"只需要很少的维修人员和工具。一个"科曼奇"飞行大队进行整机维修，仅需要4种专业的维修人员，而一般直升机则需要15种专业的维修人员。

"科曼奇"是世界上第一种隐身直升机，被称为直升机中的"F-117"。"科曼奇"是按执行夜间作战任务要求设计的，其夜视设备包括前视红外引导和目标探测系统、电视探测器、激光指示器、座舱显示器和凯塞头盔综合显示瞄准系统。"科曼奇"未采用主动雷达干扰器和主动红外对抗设备，在设计时就已充分考虑了隐身特性。1996年1月4日，全隐身的"科曼奇"首飞成功，标志着武装直升机真正进入了全面采用隐身技术的新时代。

"科曼奇"的隐身能力体现在4个方面。第一是对雷达探测隐身。"科曼奇"的机身侧面、尾梁、尾桨等部分都采用科学的外形设计，看似非常"不事张扬"的外形可以最大限度地将雷达波散射开来。"科曼奇"的反坦克导弹、空空导弹均装在武器舱内，只在发射时才打开武器舱门，使导弹呈外挂状态。机身结构大量采用可吸收雷达波的复合材料，使"科曼奇"的有效雷达反射面仅为OH-58的1/263、AH-64的1/663。"科曼奇"还加装有主动式的雷达干扰器，从而使敌方雷达探测彻底失灵。第二是对红外探测隐身。"科曼奇"可以说是世界上"最冷的直升机"，它把红外抑制技术综合运用到机体设计中，利用各种手段使发动机的排气温度明显降低，从而保护直升机不受热寻的导弹的攻击。第三是对目视隐身。"科曼奇"的机身细长，武器内藏，起落架也可收起；座舱采用平板玻璃，能有效减少阳光的漫射；全机表面采用暗色的无反光涂料，以减少直升机反光强度。这种设计导致整架直升机用肉眼看上去有点"灰头土脸"的感觉，虽然不好看，但在战场上这却是个优势。第四是

"科曼奇"直升机

对声响探测隐身。直升机通常在低空和超低空活动,地面人员往往可以很容易地凭借声音提前发现直升机的存在。研究表明,尾桨是直升机噪声的最大来源。因此在降低噪声方面,"科曼奇"把主要精力放在了尾桨上面。

以最低限度的后勤支援来快速投送兵力是美国陆军主要的作战原则之一。这一原则在"科曼奇"上充分体现在以下两个方面。

(1)部署迅速。由于"科曼奇"设计的轻型化,便于空中运输,C-5 运输机可装运 8 架,C-17 运输机可装运 4 架,C-141 运输机可装运 3 架,C-130 运输机可装运 1 架。"科曼奇"从运输机上卸下 20 分钟后即可起飞，在紧急情况下可以利用2套发动机和远程综合导航系统自行部署。可拆卸式短翼带有2个2091升容积的油箱，能使"科曼奇"经过亚速尔群岛横飞大西洋，在24小时内可支援在欧洲的应急部队或30小时内到达西南亚。

（2）投入作战快捷。美国陆军直升机典型的飞行时间每天为3.75小时，而"科曼奇"每天能够飞行11～12小时。投入作战速度是指每飞行小时的维修人数小时、在前方装弹和加油点的转场时间及飞机的可维修性等。对"科曼奇"的要求是每飞行小时的维修人数小时为2.8，而实际上仅为2.3。在地面上，预计3名士兵可在不到12分钟内换装500发炮弹、6枚导弹和783升燃料，再加上"科曼奇"320千米/小时的冲刺速度和350千米/小时的超高速度，使其能快捷地飞抵作战现场投入实战。

普通飞机的"黑匣子"一般价值在10万美元左右，而"科曼奇"具有同样功能的电子元件"黑匣子"价值仅为5000～10000美元，"科曼奇"的造价很低，适合批量生产。不幸的是，"科曼奇"项目多年来屡遭经费超支和研发延期的困扰，冷战结束后的美军也面临着转型问题，2004年美国陆军宣布取消"科曼奇"直升机项目。

呆萌大青蛙——
CH-37"摩杰吾"运输直升机

CH-37 是西科斯基公司为美国陆军研制的重型运输直升机，海军和海军陆战队赋予编号 CH-37，美国陆军赋予绰号"摩杰吾"。"摩杰吾"尺寸和道格拉斯 DC-3 运输机相当，是当时最大的直升机。CH-37 造型特殊，有着两个大眼睛，因此又被称为"呆萌大青蛙"。

"摩杰吾"机长 19.76 米，机高 6.71 米，旋翼直径 21.95 米，尾桨直径 4.57 米，空重 9556 千克，航程 233 千米，最大起飞重 4061 千克，实用升限 2650 米，巡航时速 196 千米/小时，最大时速 209 千米/小时。

"摩杰吾"于 1956 年服役，共生产 94 架，参加过越南战争。机组 3 人，机鼻有大型蛤蜊壳门，机舱能容纳 3 辆吉普车或 24 名担架伤员或 1 门 105 毫米榴弹炮，能运载 26 名全副武装的美国陆军士兵。1953 年 12 月 18 日原型机 XCⅡ-37C 首次试飞。1955 年 10 月 25 日第一架生产型 CH-37C 首次试飞。1956 年 CH-37C 的速度达到 261.8 千米/小时，可载重 6000 千克爬升至 2135 米高度。1960 年 5 月 CH-37C 停产。

"摩杰吾"主要发展了以下几种型号。CH-37A（以前编号 H-37A）是美国陆军中型运输直升机，共生产了 154 架，主要用于运输货物和士兵。机内可容纳正、副驾驶员，设备操纵员和 23 名乘客或 24 副担架，或装载 53.8 立方米的货物。CH-37B 是西科斯基公司为使美国陆军现代化而生产的 90 架直升机的编号，该型机加装了自动增稳系统，重新设计了座舱门和货舱门，经此项改进后悬停时亦可装卸货物。CH-37C 是供美国海军陆战队使用的基本紧急运输型，可载运 20 名乘客或 24 副担架。

"摩杰吾"机身旋翼为 5 片桨叶的可折叠旋翼和 4 片桨叶的尾桨，均为全金属结构。装有 2 台普拉特·惠特尼公司的 R-2800 活塞式发动机，发动机装在机身两侧短翼上的短舱内。发动机转速为 2700 转/分钟时，5 分钟连续功率为 544 千瓦（2100 马力）；转速为 2600 转/分钟时，额定输出功率为 397 千瓦（1900 马力）。但实际上，额定功率被限制在 268 千瓦（1725 马力），巡航功率被限制在 941 千瓦（1280

"摩杰吾"直升机

马力）。正常燃油量为515升，加标准外挂油箱时总油量为3800升。CH-37B的标准油箱为抗坠毁油箱。着陆装置为可收放的后三点式起落架。机身座舱前部装有液压操纵的蛤蜊壳式机头舱门。可利用一台907千克的绞盘吊车装卸货物，舱内设有轨道，以便移动货物。5吨以上的大体积货物可利用自动吊挂设备挂在机身下面。机上还装有夜间飞行设备和自动增稳系统，因此可全时飞行。

"呆萌大青蛙"在航空母舰上起降

空中"大力士"——
CH-53"海上种马"运输直升机

CH-53"海上种马"中型运输直升机是根据美国海军提出的空中运输直升机要求研制的，主要用于突击运输、舰上垂直补给和运输。CH-53的公司编号为S-65，美国海军的编号为CH-53A，绰号"海上种马"，主要装备美国海军和海军陆战队。CH-53于1962年8月开始研制，1964年10月首次试飞，1966年6月开始交付，1966年11月正式服役。其机身是S-61的放大型，但旋翼、传动系统及某些动部件是继承S-64直升机的。CH-53是美国海军直升机部队的重要组成部分，承担了大量的两栖运输任务。CH-53通常被部署在海军的两栖攻击舰上，是美国海军陆战队由舰到陆的主要突击力量之一。

CH-53机长26.9米，机高7.6米，主旋翼直径（6片）22.02米，空重10653千克，最大起飞重量19050千克，最大速度315千米/小时，最大初始爬升率664米/分钟，使用升限6220米，悬停高度4080米。

CH-53采用两台通用电气公司的T64-GE-413涡轴发动机，单台推力3925马力。单主旋翼加尾桨的普通布局，机舱呈长立方体形状，剖面为方形，有多个侧门和一个大型放倒尾门方便装卸工作。CH-53是美军少数能在低能见度条件下借助机上设备在标准军用基地自行起降的直升机之一。

CH-53先后发展出CH-53A、CH-53D、HH-53、RH-53D、MH-53J等型别，具体如下。

（1）CH-53A。CH-53 的第一种生产型，采用 CH-54 的旋翼、主减速器、尾桨传动系统。动力装置采用两台通用电气公司的 T64-GE-1 或 T64-GE-6 涡轴发动机，单台功率为 2297 千瓦，后来又改用 T64-GE-16 发动机，单台功率为 2927 千瓦。采用水密船体机身，为便于装卸货物，在机身后部开了一个带斜跳板的大尺寸后舱门，有液压操纵的内部货物装载系统和地板滚轮。此外，还装有外载吊挂系统。CH-53A 典型的装载方案是：两辆吉普车，或两枚带电缆盘和控制台的"鹰"式导弹，或一门 105 毫米榴弹炮及炮车。

（2）HH-53。CH-53 的改型，于 1968 年研制，

"海上种马"直升机

在越南战争中被广泛应用于突击救援任务。动力装置采用两台单台推力 3435 马力的 T64-GE-7 涡轴发动机。HH-53 的机组成员为两名飞行员和一名随机工程师，机上可运载 38 名士兵。HH-53 配备了用于自卫的 7.62 毫米"米尼冈"加特林机枪和若干 12.7 毫米机枪。

（3）MH-53E。CH-53E 的改进型，主要用于空基反水雷任务，也用于运输任务。MH-53E 于 1983 年服役，1984 年替换了最后一架 CH-53E。MH-53E 机体重量增大，载油量也大大增加，改用 3 台通用电气公司的 T64-GE-416 涡轴发动机，单台推力 4380 马力。MH-53E 以航空母舰、两栖攻击舰或其他战舰为基地执行运输任务。可以携带有多种探雷设备和扫雷器械，包括 MK105 扫雷滑水橇、ASQ-14 侧向扫描声呐、MK103 机械扫雷系统。使用直升机执行反水雷任务，可以减少扫雷人员可能遇到的危险。

（4）HH-53B。美国空军 1966 年 9 月为其航空和航天飞行救生局订购的直升机，共 8 架。该型基本上与 CH-53A 相似，但改用两台 2297 千瓦的 T64-GE-8 涡轴发动机。机上装有可收缩的空中加油受油管，可抛弃副油箱、救生绞车、全天候电子设备和军械。该机用于航天救护和回收任务。于 1967 年 3 月 15 日首次飞行，同年 6 月开始交付。

（5）HH-53C。HH-53B 的改型，改用两台 2927 千瓦的 T64-GE-7 发动机，机身两侧的悬臂式支架上各安装 1 个容量为 1703 升的副油箱，有空中加油受油管和缆长 1703 米的救生绞车。机身下部装有外挂能力为 9070 千克的吊钩，曾用于回收"阿波罗"航天飞行器，第一架 HH-53C 于 1968 年 8 月 30 日交付美国空军，作为空军标准救援直升机使用。HH-53B/C 共生产 72 架。

（6）HH-53H。HH-53C 的改装型，共 8 架。美国空军提出"低空铺路"-3 计划，为解决在黑夜或能见度很差的气象条件下实施搜索救援任务，将空军现有的 HH-53C 改装成 HH-53H。第一架 HH-53H 在 1975 年 6 月首次飞行，1979 年 3 月 13 日首次交付，1980 年全部交付完毕。主要改装设备有：得克萨斯仪表公司的前视红外系统，与装在 AC-130 上的相同；利登公司的惯性导航系统，与装在 B-52 上的相同；加拿大马可尼公司的多普勒导航系统；国际商用机器公司的电子计算机；AN/ASN-99 地图显示仪，由加拿大计算设备公司生产，与装在 A-7 上的相同。

（7）CH-53D。美海军陆战队使用的 CH-53A 的改进型。该型机装有两台 T64-GE-413 发动机，单台最大功率为 2927 千瓦。高密度布局时可乘坐 55 名武装士兵。舱内有完整的货物装卸系统，单人操纵该系统可在一分钟内装卸一吨货物。为便于舰载停放，旋翼和尾斜梁可自动折叠。

（8）RH-53D。由 CH-53 改进而来的扫雷型直升机。1970 年 10 月 27 日，美国海军成立直升机扫雷中队，从海军陆战队借去 15 架 CH-53A 临时使用。后来美国国会批准研制一种新的、功率更大的 CH-53，以便提供海军扫雷中队使用。这种直升机的编号为 RH-53D。1972 年 2 月，美国海军订购 30 架

地勤人员在"海上种马"桨毂整流盖上

RH-53D。西科斯基公司从 1972 年 10 月开始生产，月产两架，第一架 RH-53D 于 1972 年 12 月首次试飞，1973 年 5 月开始交付直升机扫雷中队使用。

（9）MH-53J。CH-53 系列中的最新改型，用于执行低空远程全天候突击任务，主要为特种部队渗透作战提供机动和后勤保障。美国空军为提高特种作战战斗力执行了"铺路Ⅲ"计划，9 架 MH-53H 和 32 架 HH-53 被改成适合全天候作战的 MH-53J。MH-53J 是美军当时重量和功率最大的直升机，被认为是世界上技术最先进的直升机之一。动力装置为两台通用电气 T64-GE-100 发动机，单台推力 4330 马力。为适应低空全天候渗透任务，MH-53J 装备了地形跟踪回避雷达和前视红外夜视系统（机头鼓起处，不透明半球状为雷达，下部带有橙色镜头的是红外夜视转塔），并装有任务地图显示系统。此外，MH-53J还装备了全球定位系统、多普勒导航系统和任务计算机。借助这些设备，MH-53J能准确地自行导航和进入目标区域。

MH-53J装备有必要的自卫武器，包括反坦克武器、7.62毫米"米尼冈"加特林机枪或12.7毫米机枪吊舱。MH-53J能一次运送38名士兵或14名躺卧伤病员。此外，其外挂吊钩能挂9000千克货物。MH-53J采用两个涡轴发动机，主旋翼和尾桨均为全金属自润滑结构。其外观与以往的H-53系列不同之处是平尾位于右边，面积更大。机组成员为两名飞行员和两名机枪射手。

在海湾战争期间，MH-53J是最早进入伊拉克领空的盟军作战机种之一。在"沙漠风暴"大空袭开始之前，MH-53J和AH-64协同运送特种部队士兵潜入伊拉克，一举摧毁了伊军早期预警雷达，为盟军打开了一条空袭通道。作为特种作战的辅助力量，MH-53J为盟军的各国地面部队执行了大量搜索、救援任务。MH-53J是"沙漠风暴"中第一种成功完成救援被击落飞行员任务的机种。此外，MH-53J还参与了救援库尔德人的人道救援行动、巴拿马危机救援行动和南联盟地区救援行动。

空中吊车——
CH-54"塔赫"运输直升机

CH-54 运输直升机是美国西科斯基公司研制的双发单桨起重直升机。公司编号为 S-64，绰号"空中吊车"；美国军用编号为 CH-54，绰号"塔赫"。S-64 是在 S-60 试验机的基础上发展起来的并采用了 S-56 的旋翼，动力装置改装两台普拉特·惠特尼公司的 JFTD-12-4A（军用型 T73P-1）涡轴发动机。越南战争初期，美国陆军只有为数不多的 CH-47A 重型直升机投入战场，远远不能满足大量而繁重的飞机回收、装备运输及成建制部队机动的投递任务，西科斯

CH-54"塔赫"直升机

基公司抓住机遇，在 S-60 直升机基础上适时研制出 CH-54，以解美国陆军的燃眉之急。

CH-54 采用不可收放的前三点式起落架。为装卸货物方便，起落架可通过液压轴伸长或缩短。尾部还装有可伸缩的缓冲器。前驾驶舱内有两个并排的正副驾驶员座椅，后座舱内有操纵货物装卸的第三个驾驶员座椅。另外，增加了可以坐下两名乘客的折叠座。

1962 年 5 月 9 日，原型机 S-64A 进行了首飞。在完成首飞两个月后，该机就飞到佐治亚州本宁堡进行美国陆军评估。由于机身是简单的梁式结构，因此西科斯基飞机公司还为 CH-54 设计了多种货物 / 人员吊舱，可以使用吊舱运输货物、士兵、导弹，既可用于扫雷、反潜，也可作为野战医院或通信站。机身下安装了一个具有 9072 千克吊运能力的绞车，可进行单点吊运。机上装有稳定器，以防止绞车工作时外挂物的过度晃动，绞车具有补偿系统，直升机悬停时可自动收放吊缆以使货物保持恒定的离地高度。此外，CH-54 机身下方还有 4 个吊运能力为 2268 千克的小型绞车，可以灵活地吊运货物。

1963 年 6 月，美国陆军投入 1300 万美元购买了 6 架 S-64A 进行评估，其中 4 架被派往越南进行实战评估，主要用于完成军事运输任务。S-64A 的军用编号为 CH-54A，绰号"塔赫"，以此纪念印第安怀安多特族著名首领塔赫。他是一位正直有才能的部落领袖，通过谈判而非血腥的战争方式统一了印第安各部落。此外，他还对美国忠贞不渝。除纪念意义外，还因为该机是当时美国陆军中有效载荷最大的直升机。

CH-54A 于 1964 年年末开始交付。民用型于 1965 年 7 月 30 日取得 FAA 的适航证。1977 年停产后，生产线和专利卖给埃里克森公司。

CH-54A 机长 26.97 米，机高 5.61 米，机宽 6.65 米，旋翼直径 21.95 米，尾桨直径 4.88 米，空重 8720 千克，最大起飞重量 19050 千克，正常起飞重量 17240 千克，最大平飞速度 203 千米/小时，最大巡航速度 169 千米/小时，最大爬升率 6.75 米/秒，悬停升限 3230 米，航程 370 千米。

CH-54 的型号包括 CH-54A 和 CH-54B。二者的不同主要体现在有效载荷上，A 型能承载 10 吨货物，B 型则提升至 12.5 吨。

CH-54 用于运输战斗人员、装甲车辆、大型设备和用于回收那些因为过于沉重而 CH-47 不能运载的飞机，也用于从船上向岸上卸货，还用于投掷重达 4536 千克的巨型炸弹，用以在浓密的丛林中开辟直升机着陆场。在越南战场上，CH-54 运送过许多重型装备，并回收了 380 架损坏的飞机，包括 F-4、F-100、UH-1 等。1965 年 3 月 29 日，美国陆军第 478 航空连的一架 CH-54 利用吊舱一次运送 87 名武装士兵，加上空勤人员共 90 人，这是美国直升机运送人员最多的一次。CH-54 还被用于吊运 BLU-82 重型炸弹，这种炸弹是当时全世界除核武器外当量最大的炸弹，全长 5 米，直径 1.5 米，重 6.8 吨，由于其外形不规则而无法用 B-1、B-52 等轰炸机投放。美军在越南战争初期，数次用 CH-54 吊运并投放这种超重型炸弹，用于在丛林中炸出一片可用作着陆场的空地，显著缩短了开辟着陆场的工作时间,并降低了军事行动中的风险。

CH-54 在国民警卫队中一直服役到 20 世纪 90 年代初期,它不仅用于军事训练,还在火灾时用一个大水斗运水灭火。最后一架 CH-54 于 1993 年在内华达州的国民警卫队第 113 航空基地退出现役。

"塔赫"正在吊运飞机

飞行车厢——
CH-46 "海上骑士"运输直升机

CH-46 "海上骑士"运输直升机由美国波音公司制造，1958年首飞，1960年正式服役于美国海军，承担运输物资、人员等任务。虽然CH-46并非是特种作战飞机，却经常执行一些特种行动。CH-46是美国海军陆战队最主要的战斗攻击直升机之一，其外形有点像公共汽车，采用双螺旋桨，海军陆战队主要用它把部队从舰上运到岸上，或把部队从营地运到作战前沿位置。美国海军则用这种直升机把装备运到舰上或执行搜索与救援任务。

1957年5月波音公司开始首架CH-46原型机的制造工作，并于1958年3月31日完成制造，4月22日实现首飞。美国陆军认为，对于突击任务，CH-46显得过重；而对运输任务而言，又显得过轻。因此，美国陆军提出了增加起飞重量的需求。1958年6月25日，美国陆军发布其中型运输直升机项目的综合管理招标书，要求采购一种能够全天候运输2000千克载荷的中型运输直升机。这当时在陆军内部产生了一些分歧，一部分人认为研制能够运载10人左右的轻型战术运输机即可，而另一部分人认为新的运输机不仅要能够运输士兵而且还要能够外部吊挂运输榴弹车。1959年3月4日，美国陆军/空军联合资源选择委员会建议选择中型任务运输直升机。由于美国陆军资金问题，1959年6月美国空军参与新型运输直升机的研制合同。美国陆军对5架原型机制造的初始采

"海上骑士"直升机

购合同进行了更改,又增加了 5 架生产型的采购。

CH-46 机长 13.7 米,旋翼直径 15.31 米,起飞重量 11032.2 千克,最大速度 268.25 千米 / 小时,航程 176 千米(单程),续航时间 2 小时,爬升率 434 米/分钟,实用升限 3960 米,巡航时速 232 千米。1961 年,美国陆军又签署了 18 架 CH-46 的采购合同,并将其命名为 CH-47A。在越南战争期间,CH-46 发挥了极大的作用,一开始用于从海军舰只上向陆上运送部队和货物或者从陆上送到舰上，还执行了救护受伤陆战队员的任务。自从越南战争以来，CH-46 几乎参加了所有美军大型的军事行动，包括 2001 年的阿富汗战争及 2003 年的伊拉克战争。CH-46 的任务是将作战部队、支援设备和补给品迅速由两栖攻击登陆舰和已建成的机场运送到前方基地，这些基地是简易的，维修和后勤支援能力均有限。美国海军利用 CH-46D 遂行垂直补给、战斗群内部后勤、医疗后送及搜索营救等任务。美国海军陆战队的 10 个运输机中队（9 个现役中队、1 个后备役中队）的 120 架 CH-46E 运输直升机和美国海军的 21 个运输机分队（拥有两种运输机）的 42 架 CH/HH-46D 运输直升机执行了支援"沙漠盾牌"和"沙漠风暴"行动的任务。这些直升机被用于执行运输海军陆战队队员、海军士兵、货物、邮件、弹药及医疗后送和搜索营救等任务。

CH-46 的基本构成具体如下。

（1）旋翼系统。采用两副三片桨叶纵列式反向旋转旋翼的波音 107 Ⅱ 型的桨叶，口型钢梁，胶接铝肋玻璃钢（刻铝）蒙皮后缘为盒形结构，后缘为不锈钢条。桨叶装有内部监测系统，能在桨叶大梁破坏前 15 小时指出大梁存在裂纹。桨叶翻修寿命为 5000 小时。桨毂装有摆振阻尼器。桨毂翻修寿命为 2000 小时。旋翼转速为 264 转/分钟。装有动力操纵桨叶折叠系统，包括：一组指示灯，用以指示折叠前桨叶应有迎角；一个和后传动系统相连接的液压电机，用以将旋翼转动到应有的方位角，然后锁定旋翼；一组安装在折叠铰链内的电机，其减速器可以 16000∶1 的减速比折叠桨叶。折叠系统采用了轴承，无须润滑，折叠时间约 60 秒。该系统在试验台上进行了 5000 次折叠试验，没有出现过任何损坏事故。

（2）传动系统。发动机通过离合器输入减速器，分别传动前、后减速器和驱动两副旋翼。发动机旋翼转速比为 73.722∶1。

（3）机体。采用矩形截面半硬壳式结构，主要用包铝合金和非包铝的高强度铝合金制成。机身是密封的，可以在水上起降，甚至还可以在中等浪高情况下作业；漂浮系统由 9 个密封隔舱组成，其中任何一个密封隔舱失效后仍可保持直升机在水上的浮力和稳定性。

（4）着陆装置。采用不可收放的前三点式起落架。每个起落架有两个无内胎机轮，采用盘式刹车机构。空气减振支柱内有两个阻尼孔。当压缩速度小于 0.305 米 / 秒时，较大的阻尼孔被堵死，油液通过小阻尼孔，保证直升机具有良好的地面共振特性；当压缩速度大于 0.305 米 / 秒时，活门打开，保证支柱有良好的减振作用。

（5）座舱。CH-46 有两种座舱布局。一种布局是 107 Ⅱ 型。标准座舱布局为两名驾驶员、一名机上服务员和 25 名乘客。座舱共有 8 排座位，左侧每排 2 个副座位，右侧是单座，最后一排有 4 个座位，中间是过道。舱内有行李架和一个置于后机身下部的可装 680 千克货物的带滚轮的行李舱。后跳板在地面或空中都可用动力操纵，装载超长货物时，可将后跳板拆掉。另一种布局是 CH/UH-46，共 30 名乘员，包括

25名士兵和1名指挥官。舱门的上半部通过滑轨收到机身上部。下半部铰接在机身底部，向外开，里面附有登机梯。装货跳板和后机身舱门在飞行中或水上都可以打开。地板中央部分的承载能力为1464.6千克/平方米，其两侧各有一排滚轮用于运输标准的军用货运平板或铁丝筐。地板外侧为车道，可承受454千克轮胎载荷。起吊货物和人员的绞车系统可由一个人操纵，它有一个变速绞车，能以9米/分钟的速度起吊907千克货物或以30米/分钟的速度起吊272千克的人员

"海上骑士"直升机

及其他物品。地板有一个外吊挂钩，可以吊挂4535千克货物。

（6）**系统**。座舱加温器为燃烧式。飞行操纵助力器所用液压系统压力为105千克/平方厘米，其他系统的压力为210千克/平方厘米。电气系统包括两台40千伏安交流发电机和一台200安培直流发电机。此外，还装有Solar公司的辅助动力装置，用于启动发动机和检查系统。

（7）**桨叶**。采用200伏特20千伏安电除冰系统，沿桨叶前缘展向用火焰喷镀法铺设有6根导体，每根导体的厚度和宽度随桨叶展向对加热要求的不同而变化，周期性地进行加热除冰。除冰系统由放射性冰厚计控制。当旋翼上冰层厚度到达4.77毫米时，开始通电除冰，每副旋翼的三片桨叶同时通电，以保证不会引起过大的振动。两副旋翼不能同时除冰。CH-46上装有复式增稳系统和自动配平系统。早期的CH-46曾发生过后行桨叶突然失速颤振问题，造成上操纵件应力过大，因而必须严格限制直升机许用总重、重心范围、速度和高度。为此，在直升机上安装了能指示旋翼操纵件应力水平的巡航指示器，减少了驾驶员驾驶时的工作负荷。

空中巨无霸——
CH-47"支奴干"运输直升机

CH-47"支奴干"是美国著名的波音直升机公司为陆军研制的双旋翼纵列式（可在恶劣的高温、高原组合气候条件下完成任务）全天候中型运输直升机。

1961年4月28日第一架试验型CH-47A总装完成，9月21日第一次悬停飞行。越南战争中美国陆军发现，面对越南战场重大的火力威胁、复杂的地形环境和闷热的气象条件，CH-47A损伤率非常高，迫切需要进行改进改型以提高其战场生存性，于是，在CH-47A基本型的基础上，派生出了CH-47B和CH-47C，并通过延寿计划，发展出CH-47D等型号，在此基础上又发展了CH-47F。

"支奴干"机身为正方形截面半硬壳式结构，机身长15.54米，机宽（旋翼折叠）3.78米，机高5.68米。两副纵列反向旋转的3片桨叶的旋翼，由协调轴驱动，以保证每一台发动机都能驱动两副旋翼。旋翼直径18.79米。CH-47D最大平飞速度291千米/小时，最大爬升率（海平面）6.77米/秒，任务半径55.5千米，转场航程可达2059千米。CH-47D的最大缺点是作战半径小，美国陆军为使其具有远程支援能力，在机身下侧加装了一根铝制的8.53米长的可伸缩空中加油探管，可由"大力神"HC-130加油机进行空中加油。最奇特的是，机身下半部分为水密隔舱式，使CH-47D能在水上起降。CH-47D成为美国陆军21世纪初空中运输直升机的主力。CH-47主要型号如下：

"支奴干"直升机

（1）CH-47A。CH-47A 于 1962 年 8 月开始服役，很快运用于越南战争。早期的量产型首先被空中突击师列装，逐渐成为该师的标准装备。从 1962 年 10 月开始，CH-47A 也慢慢地成为陆军的标准重型运输直升机，逐步取代 CH-21 和 CH-34。到 1966 年 2 月为止，已有 161 架"支奴干"装备了美国陆军。被派往越南的 CH-47A 都换装了 T55-L7 发动机，以适应越南炎热潮湿的热带环境。CH-47A 在自重 14968 千克时可以运载 4536 千克的货物。由于"支奴干"可以将炮兵和火炮快速机动地从一个地方运送到另一个地方，实施游击战术。因此，越南战争时期，美军师属炮兵机动部队的运动极为快速，这也使炮兵的突袭战术成为可能。在这类突袭中，少数火炮会从已建立完成的火力基地中抽调出来，在基地火力范围以外建立一个火力圈，并在与目标接战数小时之后，再次由直升机吊运返回基地。这种出乎意料的炮兵突袭战术使越南蒙受惨重伤亡。

CH-47A 共生产了 349 架，其中 314 架投入越南战争。在未部署到越南的 35 架"支奴干"中，23 架为最早编号为 60 和 61 开头的直升机，还有在战争爆发之前就坠毁的 4 架直升机。这意味着超过 98% 的可用 CH-47A 都具有了战争经验。分析越南战场事故可以发现，事实上每一架直升机都受到了损伤。共有 79 架 CH-47A 在越南战争中损失（45 架因事故坠毁，34 架被敌军击落）。

（2）CH-47B。越南炎热的山地条件，限制了 CH-47A 发挥出更好的性能。早期的"支奴干"由于受旋翼系统设计的限制，无法发挥发动机最大功率优势和装备部队的快速反应能力，受此影响 CH-47A 庞大的货舱往往不敢装满。美军迫切希望波音公司能尽快提供针对这一不足的改进型。"支奴干"项目属于波音公司的成长性项目。在生产了 349 架 CH-47A 之后，波音公司开始向客户提供 CH-47B。CH-47B 装有两台新型莱康明 T55-L-7C 发动机，输出功率为 2130 千瓦。CH-47B 尾部旋翼塔后缘由圆弧形改成平面，并采用新设计的旋翼，以及沿着尾部舱梯和机身进行加强，用来改善飞行性能和稳定性。1966年9月9日CH-47B完成首飞，1967年5月开始交付，共生产了108架CH-47B。CH-47B是美国陆军第1骑兵师采用的标准的运兵工具，装备有两挺M60D7.62毫米机枪，或者装备燃烧弹用于摧毁地下掩体。CH-47B装备有货物吊钩，并在代号为"Pipe Smoke"的航空增援行动中战绩显著。在越南战争期间，利用这些货物吊钩运送了价值超过30亿美元的货物。

（3）CH-47C。CH-47B不能运输6804千克重的155毫米的M198榴弹炮，当时美国陆军要求是在35℃、1219米高度、56千米半径范围内运载6804千克的有效负载。为满足此需求，波音公司开展了载重更大、性能更好的CH-47C的研制工作。早期的CH-47C采用了与CH-47B相同的T55-L-7C发动机，后来生产的CH-47C采用了T53-L11和T55-L-7发动机，被称为"超级C"。

由于CH-47A、B、C没有额外的液压飞行助力系统驱动，没有取得FAA的民用适航证，因此CH-47D在重新设计中，考虑了民用适航取证要求。在越南战争结束之前，波音公司共生产了224架CH-47C，共有166架部署到了越南战场，其中36架出了事故或被敌军击落。利用CH-47C一次搬运整个营、3次搬运整个旅，执行火力支持、搬运炮兵、搬运补给甚至搬运重型机械建立前线火力基地等任务，构成了整个越南战争的场景。直升机没有替美国打赢越南战争，但没有它，美国的越南战争根本打不起。

（4）CH-47D。20世纪70年代初，波音公司向美国陆军提出了升级"支奴干"的计划,被陆军采纳。在 1976 年签署的一份合同中,美国陆军要求波音公司提供一种现代化的"支奴干",不仅载重能力要求和 CH-47C 一样,而且还要具备更高的可靠性和维护性。由于军方认识到已服役的"支奴干"早期型号很快就要达到使用寿命,于是希望波音公司拿出改进和升级方案。波音公司的方案是研制出 CH-47D 的原型机。3 架直升机被送到了波音公司直升机部,CH-47A、CH-47B、CH-47C 各一架,首先将这 3 架直升机拆解得只剩下空空的机体,然后安装上了改进的控制系统、旋翼系统及动力系统,就成为 3 架 CH-47D 原型机。最早的量产型 CH-47D 在 1979 年 3 月下线,1984 年装备第 101 空降师,具备了初始战斗力。在此期间,总计 472 架 CH-47A、CH-47B、CH-47C 被升级为 CH-47D。

与之前的型号相比,CH-47D

"支奴干"直升机

的改进可谓是全方位的。首先，升级动力系统——功率 2756 千瓦的 T55-L-712 发动机，凭借更加强劲的动力，CH-47D 可以达到 263 千米/小时的最高时速。然后，升级旋翼和传动装置，包括整套传动系统所需的滑油和冷却系统、玻璃纤维的桨叶。此外，其他改进包括重新设计的座舱（可以减少飞行员的工作量）、改良的电子系统、模块化的液压系统、先进的飞行控制系统和航空电子设备。CH-47D 的运载能力是 CH-47A 的 2 倍，高原性能也有很大的提高。由于装有先进的航空电子设备，CH-47D 具备了夜间飞行和初步的全天候作战能力。CH-47D 还首次装备了空中加油装置，扩大了作战范围，为执行特种作战任务打下了基础。宽大的货舱使得"支奴干"可以轻松容纳多种负载，搭载 33～44 名全副武装的士兵，或 24 副担架加 2 名医生，或折叠好的火炮部件，甚至是"悍马"军车。增强的外部吊运系统由 3 个独立的货钩组成，包括一个中部的主货钩和在其前后的两个副货钩。强大的吊挂能力使得 CH-47D 能够在舱外挂载 11793 千克的货物。与之前的型号一样，装备了自卫武器，除了两艇舱门机枪以外，还可视任务需要在尾部跳板上安装一挺 M60D 机枪。

（5）CH-47F。尽管"支奴干"在各种战争中立下了汗马功劳，包括越南战争、海湾战争、科索沃战争和伊拉克战争等，但是随着机队的老化，运输能力退化趋势十分明显。首架 CH-47D 在 2002 年已经达到了 20 年的服役年限。一方面，长年累月的高强度使用，导致每飞行小时所需的维修人数小时不断提高，陆军装备的部分"支奴干"甚至无法达到陆军要求的装备完好率标准，而且直升机的使用和保障成本也在持续攀升。另一方面，美国陆军对直升机载重量、航程和自部署能力的高要求，以及防空威胁的不断升级，都使"年届不惑"的CH-47D更加不堪重负。由于缺乏必备的信息化设备，CH-47D不能与所谓的21世纪美国陆军数字化战场进行充分联系，因此已远不能适应信息化战争的需求。鉴于此，美国陆军一直在努力寻求解决重型运输直升机性能与运力不足的问题。

早在"支奴干"还处于"而立之年"时，也就是20世纪90年代初，海湾战争的硝烟刚刚消散，美国陆军就启动了名为"空中货运"系统的新概念旋翼机论证工作。但由于新概念旋翼机的研制和生产成本过高，美国陆军无力承担，因此不得不将其暂时搁置起来。论证小组提出通过对CH-47D进行升级改造，使其能够顺利服役至2030年前后，因此就实施了全面的升级改进计划。

美国老爹——
UH-1"依洛魁"轻型直升机

UH-1 是美国贝尔直升机公司研制的军用轻型多用途直升机。该型机的公司编号为贝尔-204（绰号"休伊"）和贝尔-205（绰号"依洛魁"），军用编号统一为 UH-1，昵称"美国老爹"。1956 年 10 月 20 日，第一架原型机首次飞行，接着又制造了 6 架供部队试用的 XH-40 试用型和 9 架预生产型 HU-1。1958 年 9 月第一架 HU-1 首次试飞，后来又生产了最初生产型 UH-1A，1959 年 9 月 30 日开始交付。UH-1 是美国陆军第一种实用涡轮动力直升机，并经历越南战争及

"依洛魁"直升机

其后历次大规模局部战争的考验，是航空史上最成功的直升机之一，它的设计理念也成为日后通用直升机的标杆。UH-1的产量超过16000架，服务于60多个国家的军事和民间组织，航迹遍布五洲四海。UH-1在越南战争中扮演关键作用，只要有美军的地方，必定少不了UH-1旋翼发出的轰鸣声，因此UH-1的照片也成为20世纪六七十年代西方主流媒体首页插图的最佳主角。在1969—1970年越南战争最激烈的年份里，UH-1参战数量也达到顶峰——当时美军在东南亚总共投入4000余架直升机，其中三分之二是UH-1。据统计，UH-1总共出动3614.5万架次，几乎相当于美军固定翼机在越南战场执行任务次数总和的1.7倍，是美军最不可或缺的空中力量，堪称"战地劳模"。

总结起来，UH-1在越南战争中的作用主要表现在三大方面：一是兵力快速投送；二是空中火力压制；三是医疗撤运。最值得大书特书的当属医疗撤运。越南战争期间，美军直升机总共撤运官兵3.9万人，其中三分之一是伤员，医疗撤运有90%是UH-1完成的。不得不说，这一数据即便在今天也是空前的。

UH-1各种机型在结构上差异不大，主要变化是发动机和旋翼，当然性能和机载设备也有所不同。具体有以下改进型。

（1）UH-1A。最初生产型，可容纳6个座位或2副担架，共生产74架，1959年6月30日开始交付，1961年3月交付完毕。其中，13架于1962年10月配备给越南战场的"通用战术运输直升机连"使用，加装了 70 毫米火箭弹和两挺 7.62 毫米机枪；14 架加装了双操纵系统和模拟仪表指令的设备，用于仪表飞行训练。

（2）UH-1B。重新设计了旋翼桨叶，加长了座舱，可容纳 7 名士兵或 3 副担架、2 个伤员座椅和 1 个医护人员座椅或运输 1360 千克货物。用作武装直升机时，座舱两侧可装火箭发射器和电操纵机枪。UH-1B 还可以在 M5 机头炮塔内加装 40 毫米榴弹发射器，或者加装 XM-30 武器系统，这个系统由安装在两侧的 XM-140 型 30 毫米机炮、中心弹药储存器及火力控制系统组成。UH-1B 于 1961 年 3 月开始交付，1962 年秋在越南战场上用作武装直升机。

（3）UH-1C。于 1965 年 9 月研制成功，改装了贝尔 540 型"门铰链"式新旋翼，新旋翼桨叶弦长增加到 69 厘米，因此改善了直升机的速度和机动性能，降低了振动和应力水平，排除了最大平飞速度限制。发动机、座舱和武器系统与 UH-1B 相同。

（4）UH-1E。美国海军陆战队的改型。美国海军陆战队用 UH-1E 替代赛斯纳公司的 0-1B/C 固定翼机和卡曼公司的 0H43D 直升机。UH-1E 和 UH-1B、UH-1C 两种型号相似，可载 1 名驾驶员和 8 名乘客或 1815 千克货物。1963 年 2 月，第一架 UH-1E 首次试飞。1964 年 3 月 21 日开始交付，生产持续到 1968 年夏季。该机在越南战场上执行运兵和护航任务时，可在座舱两侧的支架上加装两挺 7.62 毫米 M-60 固定机枪，以及两个装 7 枚或 18 枚 70 毫米火箭弹的火箭发射器。

（5）UH-1F。美国空军的改型，主要执行导弹基

"依洛魁"直升机

地支援任务。第一架 UH-1F 于 1964 年 2 月 20 日首次试飞，1964 年 9 月交付部队使用，1967 年停止生产。该机在越南战场用于执行典型的心理战任务。

此外，UH-1 还有美国海军的救生型、美国海军的教练型、美国陆军型等改型，装有休斯公司研制的"依洛魁"夜间战斗和红外跟踪系统，用以在低能见度情况下发现和捕获地面目标。此外，还有 RH-2 研究直升机等多种型号。

通用之王——
UH-60"黑鹰"多用途直升机

UH-60"黑鹰"是美国在20世纪70年代研发的一种性能优良的多用途直升机。1977年7月，UH-60A开始批量生产，1978年10月生产型UH-60A首飞成功。1979年6月正式交付美国陆军使用，首批装备的部队是驻扎在肯塔基州最南端坎贝尔堡的美军第101空降师。

"黑鹰"直升机

"黑鹰"采用整体布局，机长19.76米，主旋翼直径16.36米，因此中央有宽敞的机舱。尾桨直径3.35米，空重4955千克，起飞重量9185千克。动力系统采用2台通用电气公司的T700-GE-701C涡轴发动机，最大平飞速度为293千米/小时，即使一台发动机出现故障，仍然可以保持195千米/小时的飞行速度。最大起飞重量航程600千米，如果在挂架上加挂副油箱，那么航程可增加至2220千米。

"黑鹰"系列的"登峰之作"是外形怪异的MH-60A/G/K"铺路鹰"系列特种作战直升机。MH-60K在1990年8月首次飞行，装备有许多尖端电子设备，如AN/APQ-124多功能雷达、红外线前视装置、GPS卫星导航/定位仪、地形/航向姿态指示系统、数字式移动图形显示仪，以及各种干扰与抗干扰设备。其空中加油设备及挂架上的副油箱能保证MH-60K连续飞行3000千米以上。这种具有很强的远程渗透能力的MH-60K生产了约50架，仅装备美国陆军第160特遣航空队。

"黑鹰"及各类改型自1979年投放市场以来，目前已售出约3000架。在美军1983年10月入侵格林纳达的"紧急暴怒"行动中，美国陆军有3个直升机大队共32架"黑鹰"参战，仅损失1架。"紧急暴怒"行动是"黑鹰"参加的首次作战，第82空降师的"黑鹰"以其神奇的威力，在解救人质的行动中表现出色，顺利地完成了任务，在直升机战争史上增添了许多闪光的亮点。土耳其陆军从美国购买的"黑鹰"在被恐怖分子用25毫米榴弹击中机身后，飞行近1小时后安全返回基地。在海湾战争的"沙漠风暴"行动中，美军"黑鹰"任务完成率高达85%以上。

"黑鹰"具有很强的打击力。早在1987年，美国陆军就完成了"黑鹰"发射"海尔法"导弹的发射鉴定。"黑鹰"的基本武器为两挺装在机身两侧的 M60D 型 7.62 毫米重机枪，还可挂载 16 枚"海尔法"反坦克导弹及火箭发射器，因此它的反坦克火力相当可观。"黑鹰"的安全性能是一张闪亮的名片，其机身采用半硬壳式轻合金抗坠毁结构，4 条纵向龙骨和 4 个主要受力框连接在一起，减振座椅和机身下方填充的蜂窝材料为机内人员提供安全保障。即使直升机坠毁，驾驶舱可以承受 11.5 米／秒的垂直坠毁速度，确保机上乘员的存活率达到 85% 以上。"黑鹰"还配备自动断电、切断油料供应的系统，以确保在飞机坠毁后不会漏油、爆炸。即使出现意外事故，"黑鹰"也能经受程度较小的冲击，而当结果无法挽回时，可以最大限度保证机组成员安全。几乎没有人会在设计一架直升机时就为坠毁着想，但正是这份"多虑"，挽救了很多士兵的生命。在电影《黑鹰坠落》中，当"黑鹰"被 RPG-7 火箭击落坠毁时，除了正副驾驶员外，其他乘员安然无恙，充分说明"黑鹰"的抗坠毁结构是比较有效的。

1989 年 12 月 20 日凌晨，在美国入侵巴拿马战争中，"黑鹰"再度披挂上阵。戴有 AN/PVS-7B 夜视镜的"黑鹰"飞行员，驾机在 30 米左右的超低空快速绕过各种障碍，完成各类棘手任务。一支陆军突击队搭乘"黑鹰"突然机降至巴拿马城东的托霍斯国际机场，担任守卫的诺列加精锐卫队由于猝不及防，被迅速解除了武装。这支利用"黑鹰"机降成功的突击队，为美军后续部队利用该机场扫清了道路。

"黑鹰"真正大出风头是在海湾战争中。1991 年

1月24日拂晓，美军第101空中突击师的近200架"黑鹰"从沙特北部13个地点陆续起飞，深入伊拉克境内80千米纵深处的幼发拉底河谷地带，为实施所谓"左勾拳"行动的美国第7军的重装部队建立一个前进补给基地。这群"黑鹰"在空中形成6道黑色的走廊，直升机起飞时扬起的沙尘把天空都染黄了，景象蔚为壮观。事后证明，这座由直升机建起的前线补给点对合围科威特境内伊拉克军队起到了关键作用。

1994年9月18日，美国入侵海地行动中，"黑鹰"再度出任重要角色。美军40余架"黑鹰"以"艾森豪威尔"号和"美国"号两艘大型航空母舰为基地，

"黑鹰"直升机

将第10山地师的数千名官兵机降至海地太子港机场。这是冷战后美军的一种全新尝试，即在掌握了制空权和制海权的前提下，利用航空母舰将陆军人员一次性运抵战区，在舰载攻击机的支援下，利用随舰的陆军直升机实施垂直登陆。

自1979年正式列装以来，"黑鹰"已经走过了40多个春秋，这位老而弥坚的"战士"作为通用直升机的杰出代表，随着现代科学技术的飞速发展，已显得有些力不从心。但是，美军对于这款性能优异、设计合理的机型十分青睐，甚至没有启动新机替代计划，而是一次又一次地进行现代化升级改造，以确保"黑鹰"永不坠落。

2018年，西科斯基公司和美国陆军一起进行了UH-60V的"有限用户测试"，主要目的就是完成该机的"软件飞行资格测试"。同年，美国陆军也正式批准了该机的批量生产计划。2019年，UH-60V进入低速率预生产阶段。同年，UH-60V通过美国陆军的初步作战测试和评估。2020年4月，UH-60V完成数字驾驶舱及初始作战测试和评估。美国国防部负责运营测试与评估的办公室在其2019年的年度报告中说："UH-60V与UH-60M（UH-60A升级版，于2005年投入生产）的座舱很相似，所以美国陆军能够系统地培训"黑鹰"飞行员，一旦具备驾驶UH-60M的资格，飞行员就可以快速过渡到UH-60V。"装备在UH-60V上的新型数字驾驶舱是基于卫星导航且符合全球空中交通管理的最新要求。该报告还指出："因为满足了全球空中交通管理的最新要求，UH-60V可以部署在任何执行全球空中交通管理标准的地方。"此外，升级后的"黑鹰"与"未来机载能力环境开放体系"标准保持一致，该标准支持现成硬件和软件的集成，因此能够在飞机系统升级时快速更换功能设置。

2020年10月9日，美国陆军宣布，首架改装升级的UH-60V"黑鹰"正式投入使用，并在得克萨斯州的科珀斯克里斯蒂陆军仓库举行了发布仪式。美国陆军计划把全部"黑鹰"都升级到UH-60V，每年至少升级48架，最终实现760架"黑鹰"的现代化工作。升级后的"黑鹰"性能与最新版本的UH-60M接近，但是成本要低得多。从长远来看，美国军方要改变的不是"黑鹰"本身，而是对目前美军的现状和形象进行改变。可以肯定的是，"换血"后的"黑鹰"在未来很长的一段时间内还会雄霸蓝天。

隐蔽天眼——
OH-6"卡尤斯"轻型直升机

OH-6 直升机是美国休斯直升机公司研制的轻型直升机。1960 年,美国陆军提出"轻型观察直升机计划"。招标发出以后,休斯直升机公司、贝尔直升机公司和席勒飞机公司参加竞争。两年后,休斯直升机公司制造了 5 架 OH-6A 原型机与贝尔直升机公司的 OH-4A 和席勒飞机公司的 OH-5A 进行飞行竞争。1965 年 2 月 26 日,休斯直升机公司的 OH-6A 在竞争中获胜。OH-5A 绰号为"卡尤斯"(一种印第安小马)。1966 年 9 月开始交付。到 1970 年 8 月全部订货交付完毕,共交付 1434 架。在越南战场,OH-6A 配备给美国装甲骑兵团的侦察排,执行观测、侦察、目标识别、指挥和管理任务。

OH-6 旋翼直径 8.03 米,尾桨直径 1.30 米,旋翼桨叶弦长 0.171 米,旋翼尾桨中心距 4.58 米,机长 9.24 米,机身长 7.01 米,机高 2.48 米,滑橇间距 2.06 米,座舱长度 2.44 米,座舱最大宽度 1.37 米,座舱最大高度 1.31 米,空重 557 千克,设计总重 1090 千克,最大允许速度 241 千米/小时,巡航速度 216 千米/小时,最大爬升率 9.33 米/秒,实用升限 4815 米,悬停高度 3595 米,正常航程 611 千米,转程航程 2510 千米。

OH-6 直升机主要型号如下。

(1) OH-6A。OH-6 的早期型号,机身小巧、结构坚固且紧凑,4 片旋翼由合成轻金属纤维制造的翼

"卡尤斯"直升机

弦固定在旋翼毂上。这个 4 座（后座放倒后可以搭乘 6 人）水滴形的"飞蛋"直升机小巧、轻盈、坚固、容易操作，而且在飞行过程中阻力非常低。OH–6A 装备一个 285 轴马力的艾力逊 T63–A–5A 涡轴发动机。1988 年，OH–6A 将发动机升级为 125 轴马力的艾力逊 250–C30 涡轴发动机和新的航空电子设备。1972 年初，美军在第 7 和第 17 空中骑兵团的 OH–6 上尝试加装了 40 毫米榴弹发射器、两个 2.75 英寸的 19 管火箭发射器。由于加装的武器太重，以至于一部分 OH–6A 不能起飞。

（2）"低噪声"OH–6A。OH–6A 的改型。1971 年 4 月 8 日，休斯直升机公司宣布研制 OH–6A 轻型观察直升机的改型"低噪声"OH–6A。研制改装费用由美国国防部高级计划研究局支付。休斯直升机公司宣称，这是世界上声音最小的直升机。其改装工作主要包括：改装 5 片桨叶旋翼、4 片桨叶尾桨和排气消声器；整个动力装置以及发动机进气道都采用了隔音措施；改变了旋翼桨叶的桨尖形状。改装后的"低噪声"OH–6A 只需用原 OH–6A 发动机所用功率及旋翼正常飞行转速的 67% 即可工作。"低噪声"OH–6A 有效载荷增加 272 千克，速度增大 37 千米/小时。

（3）OH–6C。OH–6A 的改型。改装一台 298 千瓦（406 轴马力）艾利逊公司 250–C20 涡轴发动机。在美国爱德华兹空军基地试飞时，OH–6C 速度达到了 322 千米/小时。

（4）OH–6D。OH–6C 的改型。主要是为满足美国陆军先进侦察直升机的要求。其改装工作包括：采用 4 片桨叶的尾桨，把最大起飞重量增加到 1315 千克。

"卡尤斯"直升机

OH-6 直升机的基本构成如下。

（1）**旋翼系统**。采用 4 片桨叶全铰接式旋翼。桨毂由 15 块相互叠合的不锈钢片组成，外端用垂直铰与桨叶连接，中间固定在轴套上。尾桨有 2 片桨叶，由成型钢管玻璃钢蒙皮组成。无旋翼刹车装置。

（2）**传动系统**。采用简单的伞齿轮传动，包括 1 对伞齿轮，3 根传动轴和 1 个离合器。

（3）**机身**。采用铝合金半硬壳吊舱尾梁结构。机身后段有蚌壳式舱门，由此可接近发动机及其附件。机身外形呈雨滴状。机身顶部旋翼主轴后面设有大整流罩。

（4）**动力装置**。采用一台 236 千瓦的艾利逊 T63-A-5A 涡轴发动机，起飞时降低使用功率 188 千瓦，最大连续功率为 160 千瓦。两个软油箱装在座舱后部地面下面，容量 232 升。

（5）**座舱**。采用两副并排的驾驶员座椅，后货舱的两副座椅折叠后可以容纳 4 名全副武装的士兵。机身每侧各有一个乘员舱门和货舱门。有 14 个货物系留点。

（6）**机载设备**。机上装有 ARC-114 甚高频/调频无线电台和 ARC-116 超高频无线电台、ARN-89 自动测向仪、ASN-43 陀螺罗盘、ID-1351 方位航向指示器和 ARC-6533 机内通话器。

成功逆袭——
OH-58D"基奥瓦勇士"直升机

OH-58D 直升机是美国贝尔直升机公司研制的轻型直升机。20 世纪 60 年代初，贝尔直升机公司研制了"基奥瓦"系列的原型机 206 型直升机以满足美国军方关于轻型侦察直升机的要求，军方代号为 YOH-4，而 YOH-4 在竞争中失败了。但是，206 的改进型 206A 却被海军选中作为教练机，1966 年 10 月首飞，1968 年 206A 作为第二代轻型侦察直升机被海军看中，军方代号为 OH-58A，并于 1969 年向美国军方交付了 2200 架。随后，OH-58"基奥瓦"直升机立即被部署到越南战场上，主要用作轻型侦察直升机和情报支援。

虽然 OH-58A 早在 20 世纪 60 年代就已经开始服役，但经过多次改进，美军计划让 OH-58D 服役到 2020 年。OH-58D 的原型是贝尔直升机公司的 406 型轻型多用途直升机，原本是民用机种，而后被美国陆军选中改成侦察直升机，并命名为 OH-58D（绰号"基奥瓦勇士"）。OH-58D 可以单独执行战术侦察任务，也可协同专用武装直升机作战，或为地面炮兵提供侦察、校炮的工作。OH-58D 在 1982 年 11 月通过了美国陆军的设计评估，5 架原型机中的首架在 1983 年 10 月首飞。第 2 架和第 5 架原型机用作飞行性能测试；第 3 架配备了完整的任务装备，测试了电子系统；第 4 架原型机用于电子系统电磁协调性测试。整个试飞在 1984 年 6 月完成，同年 7 月交付美国陆军,次年 2 月正式服役。OH-58D 沿用了 OH-58A 的机身,加强了机体结构,以延长其服役寿命。电子设备、动力装置和旋翼系统也得到了不同程度的改进。美国陆军原打算将已有的 592 架 OH-58A/B 改装成 OH-58D,但后来因预算限制,到 1992 年 6 月只改装 253 架。

OH-58D 机身长 9.8 米,机高 2.59 米,机宽 1.97 米,翼展 10.8 米,空重 1281 千克,最大起飞重 2041 千克,巡航速度 222 千米,最大时速 237 千米,航程 556 千米,爬升率 7.8 米/秒,实用升限 3660 米,有地效悬停升限 3660 米。

OH-58D 旋翼系统改用 4 叶复合材料主旋翼,机

"基奥瓦勇士"直升机

动性有所增强，振动减小，可操控性提高。尾桨也得到了改进，这使得 OH-58D 在 35 节阵风下仍能保持良好的纵向操纵性能。动力装置换装艾力森公司的 250-C30R 涡轴发动机，功率 650 马力，主变速箱持续输出功率 455 马力。在紧急状态下，主变速箱可以在没有润滑油的情况下正常工作。由于 OH-58D 的桅顶瞄准具安装在整架直升机的最高点，因此能提供非常好的视野。同时，OH-58D 可以躲在隐蔽物后方，伸出桅顶瞄准具观测，大大降低了被对方发现的概率，提高了生存力。

海湾战争后，贝尔直升机公司深入改进"基奥瓦"，首要目标是提高隐身性能。改进后的直升机称为"隐身基奥瓦勇士"，机体改用特殊材料，机首、旋翼及风挡等容易反射雷达波的部分将用特殊涂料覆盖，排气口加装红外抑制装置，机头也改变了形状。

此外，贝尔直升机公司还为"基奥瓦"设计了一种 237 升的油箱，安装在座舱后方的机身两侧，这使得"基奥瓦"的最大航程达到 891 千米。即使只加装 1 个油箱，也能使"基奥瓦"续航时间达到 4 小时。"基奥瓦"还加装了惯性导航系统、全球定位系统、数字地图等。通信系统也有所改进，改进后的"基奥瓦"将可以直接向坦克或步兵战车传送目标信息。

OH-58A"基奥瓦"主要用于侦察、情报支援和火力支援。它在越南战场上没有给人留下深刻的印象，真正发挥威力的时期始于 20 世纪 80 年代。自 1987 年起，"基奥瓦"系列直升机参与了美军多次作战行动，从美军部队反馈的信息表明，这种轻型武装侦察直升机很受欢迎。

OH-58D"基奥瓦勇士"的主要任务包括野战炮兵观测，同时为"铜斑蛇"激光制导炮弹提供目标照射。OH-58D可以利用自身的观瞄装置进行目标坐标计算和测距，再经由目标指示头盔传输目标信息，使地面炮兵能实时精确地发起攻击。OH-58D也可为其他飞机提供类似支援，如和武装直升机组成"猎歼小组"，优势互补，完成地面支援任务。必要时，OH-58D也可用自身携带的武器发起攻击，如携带4枚"地狱火"反坦克导弹。OH-58D可使用的其他武器包括7管70毫米"九头蛇"火箭发射器、各种航炮或者机枪吊舱等。

在两伊战争中，美国海军的OH-58D曾与SH-60B直升机配合作战，由SH-60B的搜索雷达发现伊朗的高速炮艇，然后由OH-58D发起攻击，摧毁目标。在海湾战争中，美军共派出了130架OH-58D前往波斯湾，多次摧毁伊拉克沿海目标，如钻油平台、快艇、海防工事等。1991年2月20日，2架"基奥瓦"指挥武装直升机袭击了离前线不远的一处伊拉克军队的综合掩体。"基奥瓦"直升机负责用激光指引目标，武装直升机则发射"地狱火"导弹。这次多种直升机联合攻击行动的成功，使得"基奥瓦"被广泛用于袭击掩体内的伊拉克军队，给伊拉克军队造成重大损失。

"基奥瓦"在伊拉克战争中起到了关键作用，对于美军的"蛙跳"推进和进攻巴格达都立下大功。"基奥瓦"武装侦察直升机因其出色性能和表现，在美国陆军中进行了大量配置，仅第101空中突击师就

"基奥瓦勇士"直升机

配备了109架,甚至超过赫赫有名的"阿帕奇"。2003年3月6日成立的美军"经验小组"(成员来自参谋长联席会议和联合部队司令部,均是拥有联合作战经验的军官,负责全时段、全方位跟踪总结伊拉克战争的经验教训)在总结报告中指出:"基奥瓦"在占领巴格达的战斗中发挥了重要作用,两种直升机出动率高达90%以上。

OH-58总共有A、B、C、D等型号,先后向美国军方交付了2200余架。2005年2月,DRS技术公司收到一份总额1.53亿美元的"热成像系统改进计划"新合同,以支持美国陆军OH-58D上的红外瞄准系统,提供维修站修理、零备件和使用保障等服务,并为该机的"旋翼主轴安装的瞄准系统(MMS)"制造新的热成像系统。"热成像系统改进计划"将增强OH-58D的目标探测和测距性能,用于替换现役的热成像系统。MMS技术将提供改进的目标截获能力和更大的防区外远距离侦察能力,使OH-58D仅需在攻击时的几秒钟暴露自己,而其他时间都保持隐蔽,提高了OH-58D的生存力。

猎鲨能手——
SH-2"海妖"多用途直升机

SH-2"海妖"直升机是美国卡曼公司为美国海军研制的全天候多用途舰载直升机,可用于执行搜索救援、观察和通用任务,后来主要用于支援美国舰队在地中海、大西洋和太平洋执行反潜和反舰导弹防御任务。美国海军编号为 SH-2,绰号是"海妖"。"海妖"原有多种型号,到 1993 年底,仅有 SH-2F、SH-2G 还在服役。SH-2F 是 SH-2D 改进型,主要用于执行反潜和反舰导弹防御、搜索和救生及观察等多种任务,1973 年 9 月 11 日开始在太平洋舰队上使用。SH-2G"超海妖"是 SH-2F 的改进型,从 1987 年开始改装,1985 年 4 月首次飞行,1991 年开始交付,一直服役到 2010 年。

"海妖"旋翼直径 13.41 米,尾桨直径 2.46 米,机长 12.34 米,机高 4.62 米,机宽 3.74 米,旋翼桨盘面积 141.31 平方米,水平尾翼翼展 2.97 米,主轮距 3.30 米,后主轮距 5.13 米,尾桨桨盘面积 4.77 平方米,空重 4173 千克,最大起飞重量 6124 千克,最大平飞速度 256 千米/小时,正常巡航速度 222 千米/小时,最大爬升率 12.7 米/秒,实用升限 7285 米,悬停高度 6340 米,最大航程 885 千米,最大续航时间 5 小时,活动半径 333 千米,转场航程 695 千米。

"海妖"有多种型号,现将所有型号介绍如下。

(1) UH-2A。最初的生产型,原海军编号为 HU2K-1,后改为 UH-2A。装一台 932 千瓦(1267

轴马力）的 T58-GE-8B 涡轴发动机，1962 年 12 月开始交付。总共生产 88 架。

（2）UH-2B。由 UH-2A 改装而来，原海军编号为 HU2K-1U，后改为 UH-2B，1963 年 8 月开始服役。总共生产 102 架。

（3）UH-2C。双发型"海妖"。由于单发型"海妖"只能完成救生任务的 30%，因此，美国海军在 1965 年 11 月与卡曼公司签订了改装两架 UH-2C 的合同。UH-2C 装两台 932 千瓦（1267 轴马力）的 T58-GE-8B 涡轴发动机，该机的高温高原性能比单发型"海妖"好。这两架 UH-2C 分别于 1966 年 3 月 14 日和 5 月 20 日首次试飞。1966 年 8 月，美国海军决定改装 40 架 UH-2C，1967 年 8 月开始交付使用。

"海妖"直升机

1967年，美国海军还决定把所有的 UH-2A 和 UH-2B 都逐渐改装成 UH-2C 型。

（4）SH-2。根据美国海军"轻型空中多用途系统"计划的要求进行了进一步改进，把 UH-2C 改成 SH-2，以便为舰只提供执行反潜、反舰监视和目标监视、搜索营救和通用任务的能力。

（5）SH-2F。SH-2 的改进型，换装 T58-GE-8F 发动机，改进了旋翼系统，加固了起落架装置。

（6）NUH-2C。唯一由 UH-2C 改装成的能发射"麻雀"Ⅲ和"响尾蛇"导弹的"海妖"。改装的目的在于评定直升机作为导弹发射平台和执行反舰 NHH-2D 环量控制旋翼（CCR）计划的试验机。

（7）HH-2C。标准的 UH-2C 的武装和装甲型，用于执行搜索和救生任务。它与 UH-2C 的区别在于：机头下方装有 7.62 毫米"米尼冈"机枪，射速为 4000 发/分钟；机身中部装有两挺 7.62 毫米 M60 机枪；座舱周围及其他关键部位采用大面积装甲；装有两个甚高频电台；采用自封油箱；加装一根 61 米长的救生钢索；加大了传动系统功率；主起落架配装了双机轮；采用 4 片桨叶尾桨。总重增加到 5670 千克，装两台 1007 千瓦的 T58-GE-8F 涡轴发动机。1970 年，6 架由单发型"海妖"改装的 HH-2C 交付美国海军在东南亚的导弹舰上执行战斗搜索和救生任务。所有 HH-2C 后来都改装成 SH-2 型。

（8）HH-2D。HH-2C 的非武装装甲型。它与 HH-2C 的区别仅在于没有武器和装甲，其他都一样。卡曼公司改装了 70 架 HH-2D，1970 年 2 月开始交付美国海军。1971年，根据美国海军的DV-98计划，用两架HH-2D在机头下方加装了APS-115雷达，在美国西海岸的舰上进行反舰导弹防御试验；用另外两架HH-2D改装后的东海岸的舰上进行反潜试验。1975年美国海军又把HH-2D改装成SH-2F型。1978年初有3架HH-2D，用于海岸和大地测量。

（9）SH-2D。HH-2D的轻型空中多用途系统（LAMPS）型，用于反潜、反舰导弹防御和其他用途。1970年10月，美国海军用200万美元把10架HH-2D改装成SH-2D。1971年3月，美国海军又决定把115架"海妖"改装成SH-2D型。1971年3月16日第一架SH-2D首次试飞，1971年12月7日开始舰上服役。到1979年1月，美国海军共部署了8个中队，总共145架SH-2D/F直升机。SH-2D的改装工作包括：机头下方加装加拿大马可尼公司的LN-66HP大功率水面搜索雷达；机身右侧支架上加装ASQ-81磁异探测器；机身左侧有小燃爆装置，可以发射15个AN/SSQ-41被动声呐浮标或AN/SSQ-47主动声呐浮标；加装烟标；加装两条Mk46寻的鱼雷；换装AN/APN-182多普勒雷达、AN/APN-171雷达高度表、AN/ARR-52A声呐浮标接收机、AN/AKT-22数据传输线路、ALR-54电子对抗设备、AN/ARN-21或-52塔康、AN/APX-72敌我识别器、AN/ARA-25测向器和双套AN/ARC-159甚高频通信设备。

（10）YSH-2E。HH-2D的LAMPSMk Ⅲ型，用作试验机。原计划要改装20架YSH-2E，其海军编号为SH-2E，但后来取消了该计划，直接进行了

"海妖"直升机

LAMPSMk Ⅲ计划。

（11）SH-2F。SH-2D的改进型,也称为LAMPS MkⅠ,主要执行反潜和反舰导弹防御、搜索和救生、观察等多种任务。1973年初着手改装工作,1973年5月开始交付使用,1973年9月11日在太平洋上使用。截至1982年共交付88架,1982—1986年共订购54架新的SH-2F(分别是18架、18架、6架、6架和6架),到1989年12月交付完毕。1987年又订购了6架由SH-2F改进的SH-2G"超海妖"。SH-2F加强了起落架;尾轮前移,缩短了后主轮距;装两台单台功率1007千瓦(1369轴马力)T58-GE-8F发动机。后续又改进了LN-66HP雷达,采用战术导航系统、电子支援设备、声呐浮标系统、数据传输线路和其他航空电子设备。1985年11月开始交付的SH-2F的最大总重达 6123 千克。

　　SH-2F 旋翼桨毂由钛合金制成，旋翼桨叶为全复合材料，桨叶与桨毂固定连接，具有挥舞伺服操纵装置，通过桨叶后缘的调节来进行变距。这种旋翼系统改善了机动性，提高了有效载荷，增加了航程和续航时间。同时，该系统振动小，可靠性高，维护简单，操纵零件减少三分之一。旋翼桨叶 4 片，可人工折叠，旋翼转速 298 转/分钟。尾桨桨叶为 4 片。机身采用全金属半硬壳式结构，能防水。能漂浮的机腹内有主油箱。机头整流罩可以从中线分开向后折叠到两侧，以便减小直升机存放时所需要的机库空间。尾斜梁上装有固定的水平安定面。着陆装置为后三点式起落架，其中：主起落架为双机轮，可向前收起，有油气弹簧减振器；后起落架为单机轮，不可收放，有油气减振器。后起落架机轮在直升机滑行时可完全转向，起飞和着陆时在纵向位置锁定。主机轮为 8 层无内胎轮胎，尾轮为 10 层无内胎轮胎。

宝刀不老——
SH-3"海王"反潜直升机

SH-3"海王"（公司编号 S-61）是双引擎反潜直升机，服役于美国海军和其他多个国家，并授权给意大利、日本、英国自行制造，民用版是西科斯基 S-61。1957 年，西科斯基公司获得合约，打造全天候两栖直升机，兼具侦察与猎杀潜艇功能。1959 年 3 月 11 日原型机 HSS-2 首飞，1961 年 6 月交付海军评估，1962 年改装成 SH-3A，集反潜、反舰、救援、运输、通信、行政专机和空中预警等众多功能于一体。

"海王"长度 16.7 米，旋翼直径 19 米，高度 5.13 米，空重 5382 千克，载重 8449 千克，最大起飞重量 10000 千克，最高速度 267 千米/小时，航程 1000 千米，实用升限 4481 米，爬升率 400～670 米/分钟。"海王"设计基于船舰操作，5 个主翼和尾翼都可拆卸或折叠，更换两栖套件后还能降落于水上，但这有一定风险，只能用于紧急状况，而机体就算掉入水中也能防水一段时间，两个短翼还能配备气囊浮起，就像飞机用的"救生衣"。

"海王"的任务装备非常广

"海王"直升机

泛。典型的武器有4枚鱼雷、4个水雷或两枚"海鹰"反舰导弹，以保护航空母舰编队群。反潜装备有声呐吊舱和磁性探测器与资料链软件。担任救援任务时，"海王"可以搭载22名伤员或9具担架和2位医护员；运兵时，可以搭载22名武装人员。

航空母舰通常使用"海王"担任第一架起飞和最后一架降落的护航机，用于弥补固定翼飞机反潜不足之处。第一个用于准航母的SH-3A，是1971年2月14日担任"新奥尔良"号两栖攻击舰的救援任务机。20世纪90年代，美国海军逐渐用"黑鹰"取代"海王"的反潜角色，但是其他角色上仍然可以看到"海

作为美国总统专机的"海王"

王"。美国海军的"海王"都已经转用于后勤、支援、搜索救援、测试、专机等用途。最后一批用于战斗的"海王"是战斗支援第二分队（HC-2）于2006年1月27日在弗吉尼亚州诺福克退役。1架编制于海军陆战队的"海王"当作美国总统专机使用，称为"陆战队1号"。

美军使用的"海王"型号主要包括：CH-3A为美国空军运输版（3架从SH-3A改装而来，后来又改装成CH-3B）；M-3A为实验机，改装机翼和引擎（1架由SH-3A改装）；RH-3A为美国海军扫雷机（9架由SH-3A改装而来）；VH-3A为美国陆军和海军陆战队行政专机（8架，只有2架SH-3A是从受损的直升机维修改装而来，其中1架是YHSS-2，1架是SH-3A）；CH-3B为美国空军运输版；SH-3D（S-61B、HSS-2A）为美国海军反潜机（73架，还有2架从SH-3A改装而来），外销伊朗；SH-3D（S-61B）为外销西班牙的反潜机（6架）；SH-3D-TS为VH-3D美国海军陆战队行政专机；SH-3G为美国海军货机（105架从SH-3A和SH-3D改装而来）；SH-3H（HSS-2B）为美国海军反潜机（从旧机型改装而来）；SH-3H AEW为空中预警机，外销西班牙；UH-3H为美国海军货机。

西科斯基公司生产的"海王"型号主要有：S-61为公司设计版；S-61A为外销丹麦版；S-61A-4 Nuri用于运输和侦搜救援，外销马来西亚海军，可载31名士兵（38架）；S-61A/AH用于侦搜救援；南极用S-61B反潜机，外销日本自卫队；S-61D-3外销巴西海军；S-61D-4 外销阿根廷海军；S-61NR 用于侦搜救援，外销阿根廷空军；S-61L/N 为民用版；S-61R 服役于美国空军，改型为 CH-3C/E 和 HH-3E，以及美国海岸警卫队与意大利空军的 HH-3F；S-61V 为公司设计版，即 VH-3A（1 架印度尼西亚专用）。

韦斯特兰公司生产的"海王"型号是英国韦斯特兰飞机公司获得美方授权生产的 SH-3。针对英国皇家海军特别设计，装备 2 具劳斯莱斯涡轮引擎及英国航空电子系统与反潜装备。首飞于 1969 年，1970 年服役，除了英国以外，也外销至其他国家。

奥古斯塔公司生产的"海王"型号主要有：AS-61 为公司版，基于授权意大利生产执照；AS-61A-1 为意大利外销马来西亚版；AS-61A-4 为授权生产版；运输与救援型 AS-61N-1 为授权生产版 S-61N，但机舱较小；AS-61VIP 授权生产版，为行政专机型；ASH-3A（SH-3G）为授权生产版；运输型 ASH-3D 授权生产版，为反潜型，用于意大利、巴西、秘鲁、阿根廷；ASH-3TS 授权生产版，为 ASH-3D/TS 行政专机型；ASH-3H 授权生产版，为反潜型。

三菱公司生产的"海王"型号主要有：S-61A 用于陆上自卫队；授权制造版 S-61A，用于海上自卫队搜索和救援（18 架）；HSS-2 授权制造版 S-61B，用于反潜攻击（55 架）；HSS-2A 授权制造版 S-61B（SH-3D），用于反潜攻击（28 架）；HSS-2B 授权制造版 S-61B（SH-3H），用于反潜攻击（23 架）。

海上雄鹰——
SH-60"海鹰"反潜直升机

SH-60"海鹰"是美国西科斯基飞行器公司研制的中型军用直升机，是UH-60"黑鹰"的衍生型号。"海鹰"具有反潜和发射反舰导弹的能力，主要型号有SH-67B、SH-60F和SH-60R。

"海鹰"直升机

20世纪70年代末，美军寻求一种海上军用直升机以替代老化的SH-2"海妖"，然而UH-60"黑鹰"没有足够空间装载SH-2上的LAMPS MK Ⅱ声呐套件，这会使得新直升机的功能反而低于旧机。为此，西科斯基公司依照美国海军的需求重新打造了"黑鹰"。1979年12月12日，"海鹰"首次试飞。

1983年4月，生产型开始交付使用。最初的型号为SH-60B，之后又陆续开发了SH-60F、MH-60R、SH-60R、CH-60S和HH-60H等型号。

"海鹰"空重6895千克，总生产量200架以上，最大起飞重量9927千克，乘员4人，最大速度333千米/小时，机长19.75米，最大航程834千米，机高5.2米，最大升限3580米，旋翼直径16.35米，爬升率8.38米/秒。

由于诞生在较为和平的年代，"海鹰"的实战表现并不多，第一次参与的较大规模战争为海湾战争。在海湾战争前期，美国海军对25架准备参战的SH-60B"海鹰"进行了升级，加装了AN/ALE-39箔条发射器、AN/ALQ-144红外干扰装置及AN/ARR-47导弹靠近告警装置等电子系统。这些改装后的"海鹰"在海湾战争中表现优秀，不仅出色地完成封锁、反潜等任务，而且还冒险进入伊拉克领空营救被击落的F-16战斗机和AV-8B攻击机飞行员。此外，它还运送"海豹"突击队员执行特种任务。

SH-60"海鹰"与在美国陆军服役的UH-60"黑鹰"有83%的零部件是通用的。由于海上作战的特殊性，"海鹰"的改进比较大，机身蒙皮经过特殊处理，以适应海水的腐蚀。"海鹰"增加了旋翼刹车系统和旋翼自动折叠系统，而且直升机尾部的水平尾翼也可以折叠。"海鹰"的飞行员座舱没有用装甲强化，后机身装有防撞的双油箱燃油系统、油箱1/3以下部分能够自封，油箱的总容量为2241升，增加了紧急漂浮系统。

SH-60B 采用 4 桨叶铰接式旋翼，桨叶叶型为 SC-1095。为避免前行桨叶巡航时产生气流分离，在桨叶中段翼片前缘下垂后缘有调整片。桨尖后掠 20°，从桨根到桨尖扭转 18°。尾桨也为 4 桨叶，装在下垂尾右侧。叶型与旋翼桨叶相同，采用碳纤维复合材料十字梁结构。

"海鹰"的主要反潜武器为两枚 Mk46 声自导鱼雷，但在执行搜索任务时，可以将这两枚鱼雷换成两个容量为 455 升的副油箱。

"海鹰"的机身呈扁平状，采用普通半硬壳式轻合金抗坠毁结构。4 条纵向龙骨和 4 个主要承力框连接在一起，乘员在飞机坠毁后的生存率高达 85%。此外，直升机驾驶舱可承受的垂直坠毁速度也达到 11.5 米/秒。

"海鹰"使用 T700-GE-401 发动机，单台功率 1690 轴马力。后期通用电气公司又提供了更新型的 T700-GE-401C 发动机，输出功率达到了 1900 轴马力，但是由于"海鹰"的起飞重量比"黑鹰"重，因此"海鹰"的飞行速度并没有因发动机功率的提升而提高。"海鹰"采用普通传动装置，主减速器传动功率为 2079 千瓦。整个传动系统可在无润滑条件下干运转 30 分钟。

"海鹰"直升机

飞行香蕉——
CH-21"肖尼人"搜救直升机

CH-21"肖尼人"是美国比亚赛奇公司研制的串列双旋翼直升机。1945年,弗兰克·比亚赛奇为美国海军设计了一种串列双旋翼的搜救用直升机,因其又长又弯的怪异身材获得了"飞行香蕉"的绰号。这种独一无二的"香蕉"采用帆布蒙皮的机身和一台惠普公司R-1840-AN-1活塞引擎,主要装备海军和海岸警卫队。1948年6月,比亚赛奇的设计再次引起海军的兴趣,新型的PV-17设计方案被选中。5架样机在海军完成所有测试后,该型机成为海军的HRP-2

"肖尼人"直升机

搜救直升机。与 HRP-1 不同的是，HRP-2 采用了全金属蒙皮的机身，驾驶室更加宽敞，视野也更加开阔，旋翼桨尖也进行了改进。在 HRP-2 基础上研制的 PD-22 最终发展成为 CH-21，不过此时比亚赛奇公司已经被波音公司兼并，成为波音王国中的一个部门，专门研制旋翼飞行器。

CH-21"肖尼人"是一种多用途直升机，采用两具全铰接 3 叶反转旋翼，动力为一台 1150 马力的柯蒂斯怀特 R1820-103"旋风"。根据不同任务可装备机轮、滑橇或浮桶。其出色的低温性能使其能胜任极地营救工作。

CH-21 机长 15.98 米，主旋翼直径 13.56 米，机高 4.6 米，空重 3946 千克，最大起飞重量 6124 千克，最大速度 209 千米/小时，航程 482 千米。

除了美国陆军，CH-21 还在美国空军、法国海军、皇家加拿大空军和德国空军中服役，其中法国人在阿尔及利亚使用了一种武装型 CH-21，在舱口和起落架滑橇上安装了机枪和无控火箭弹，就是这种改装的产品，标志着武装直升机的诞生。CH-21B 突击直升机在原型的基础上将发动机升级为 1425 轴马力的引擎，最大速度也提升到 128 英里/小时，可运载 22 名全副武装的士兵，或在担任救护任务时搭载 12 副担架加 2 名医护人员。1961 年 12 月，CH-21B 开始出现在越南战场，装备美国陆军第 8 和第 57 运输连，用于支援陆军作战。CH-21B/CH-21C 可以配置 7.62 毫米或 12.7 毫米舱门机枪，其中一些 CH-21 还在机鼻下安装了可伸缩的机枪。在美国本土还试验了一种有趣的 CH-21 型号，机鼻下安装了"超级空中堡垒"B-29 的半球形遥控炮塔。CH-21 的速度相对较慢，它的电缆和输油管线也比较容易被小口径武器打坏。在越南战场甚至有传说，曾有一架 CH-21C 被越南人的矛枪击落。CH-21 由于其在越南的优良表现被称为"驮马"，一直在越南服役，直到 1964 年被 UH-1 取代。军队的大部分 CH-21 都在随后的几年中被 CH-47 取代。

"肖尼人"直升机

变形金刚——
V-22"鱼鹰"旋翼直升机

V-22"鱼鹰"是由贝尔直升机公司与波音公司联合研制的双发倾转旋翼直升机,是在贝尔301/XV-15的基础上发展而来的。早在1981年底,美国便提出了"多军种先进垂直起降飞机"计划,并于1985年1月将这种飞机命名为V-22"鱼鹰"。首架原型机于1988年5月出厂,1989年3月首飞,同年9月又进行了从直升机飞行方式转换成固定翼机飞行方式的首飞。恰在此时,生产合同被美国国防部取消。取消生产合同是明智之举,因为当时"鱼鹰"还不具备生产条件,原型机存在许多设计缺陷。例如,在遇到紧急情况时,不能及时、有效地为飞行员提供关键信息,座舱内的仪表布局也与常规布局不同。总之,机身设计和仪表设置没能借鉴以往的成功经验,当时的V-22并不适合军用。

20世纪五六十年代,美国、加拿大和欧洲一些公司掀起了一股研制集直升机和固定翼飞机优点于一身的倾斜旋翼机的热潮,许多航空专家对于研制这种飞机寄予厚望。但是,由于这种飞机的设计结构复杂,尤其是在对机翼旋转结构和旋转式短舱结构的研制长期难以取得突破性进展,再加上试飞时机毁人亡的事故接连发生,因此,许多国家放弃了研制倾斜旋翼机。

美国贝尔直升机公司研制的X-22A、XC-124A、CL-84验证机尽管均遭不测,但经过不懈努力,终于在 1977 年 5 月将 XV-15 验证机送上了蓝天，为 V-22 "鱼鹰"的研制迈出了坚实的一步。

1982 年，贝尔直升机公司和波音公司根据美国国防部提出的"多用途垂直起降飞机"计划，开始在 XV-15 的基础上联合研制 V-22 倾斜旋翼机，当时由美国陆军负责。但是，没过一年时间，美国陆军便决定放弃该研制计划，但是美国海军陆战队却对该机型产生了浓厚的兴趣，并最终成为该机型的主要客户。

"鱼鹰"直升机

根据任务分工，贝尔直升机公司主要负责研制机翼、发动机短舱、螺旋桨-旋翼装置和传动系统及发动机一体化；波音公司负责机体、尾翼、起落架、综合电子设备。V-22 "鱼鹰"于 1989 年完成首次试飞。1990 年 12 月 4—7 日，V-22 在美国海军"大黄蜂"号航空母舰上进行了海上试飞，年底前完成了一系列试飞。尽管如此，美国国会和国防部对这种飞行器的态度依然极为冷淡。1990 财年和 1991 财年，美国国防部停止为该机研制计划拨款。一年后，虽然开始恢复拨款，但数额十分有限，仅局限于科研设计和试验。在以后的发展中，V-22 更是历尽艰辛。按最初计划，美国国防部应采购 913 架 4 种型号的"鱼鹰"倾斜旋翼机，它们是海军陆战队使用的MV-22、海军使用的HV-22、空军使用的CV-22及SV-22A。但由于美国国防部对研制计划消极抵触，SV-22A的研制计划全部被取消，整个的采购数量减少到657架。减少采购数量的原因在于：一是研制经费过高，按照1997年购买力计算，每架V-22的研制经费高达4200万美元；二是安全性差，5架验证机中就有2架在试飞时因机载电子设备故障和发动机故障而坠地夭折。即使到了2000年，V-22已经发展得相对成熟，但是仍然坠毁了两架MV-22型。

V-22旋翼直径11.58米，翼展15.52米，机长19.09米，机高6.90米，巡航速度185千米/小时，实用升限7925米，航程2225千米，空重14463千克，最大起飞重量27442千克。

值得庆幸的是，V-22最终还是赢得了美国国防部的认同。根据计划，从1998年6月开始生产5架V-22"鱼鹰"，于1999年交付美国海军陆战队使用。"鱼鹰"的机载武器可根据执行任务的性质进行选择。通常在货舱内安装了若干7.62毫米或12.7毫米机枪，在机身的头部下方安装了旋转式炮架，机身两侧安装了鱼雷和导弹挂架。波音公司选择通用公司全资子公司——通用动力武器系统公司为V-22"鱼鹰"飞机开发炮架系统，合同有效期2001—2005年，合同金额4500万美元。而整个项目的潜在价值高达2.5亿美元。

通用动力武器系统公司提供的V-22炮塔火炮系统包括1门GAU-19 12.7毫米加特林机枪、1个轻型炮塔与1个线形复合弹舱和供弹系统。该炮塔能左右各旋转 75°、上仰 20°、下俯 70°，位于机头正下方，供弹系统则位于驾驶舱下方。该系统为 V-22 "鱼鹰"飞机提供压制火力，提高战机生存能力。2001 年初，V-22 计划办公室重新考虑了 V-22 是否需要装备炮塔。该系统的费用比预期要高，促使海军陆战队领导和计划管理部门重新考虑。到 2002 年 12 月，美国海军航空系统司令部招标征求一种新型 12.7 毫米机枪，用于 V-22 和其他海军飞机。

"鱼鹰"可满足 30 余种任务需求，主要执行突击作战、突击支援、战术空运及战斗搜索与救援任务，特别适于执行特种作战、缉毒和反恐行动。MV-22 "鱼鹰"将取代现役的 CH-46 和 CH-53D。美国海军陆战队计划到 2014 年购买 360 架 MV-22，用以装备 18 个正规中队和 4 个预备中队，每个中队 12 架。美国空军购买的 50 架 CV-22 和海军购买的 48 架 HV-22 也陆续装备部队。届时，美军真正具备了"全球自部署能力"，作战能力大为增强。

不幸的是，被美国海军陆战队奉为"未来之星"的"鱼鹰"一直事故频频，7 架原型机中就有 4 架坠毁。1991 年 6 月 11 日，一架"鱼鹰"在试飞中突然坠毁，造成两名人员受伤。1992 年 7 月 20 日，又一架实验型的"鱼鹰"在加利福尼亚匡蒂科海航站降落时意外坠入波多马克河，造成 3 名陆战队员和 4 名平民丧生。2000 年 4 月 8 日，一架"鱼鹰"在进行作战评定飞行中突然坠落，造成 19 人丧生。同年 12 月 11 日，又一架美国海军陆战队的 MV-22 "鱼鹰"在加利福尼亚州进行训练时坠毁，4 名机组人员全部遇难，次日，美国国防部下令推迟这种创新的倾转旋翼飞机的大规模生产，"鱼鹰"计划面临搁浅的危险。

"鱼鹰"几度恢复飞行试验后，美国海军的使用试验与评估部队终于确认 V-22 "鱼鹰"倾转旋翼飞机达到了作战效能和作战适用性要求，美国海军陆战队也认为该项目基本上接近了可以大批量生产的阶段。经过 20 年研发历程的"鱼鹰"，终于得到了美国海军陆战队的认可。

2009 年 12 月 4 日，美军切断塔利班诺扎德山谷的通信、补给线路，从而发起"眼镜蛇之怒"突袭行动。行动之初，美国海军陆战队使用 CH-53E 和 V-22 将 300 多名陆战队员投送至诺扎德山谷。整场行动中，VMM-261 中队完成了首批部队约 1000 名海军陆战队士兵和 150 名阿富汗士兵向战斗前线的投送，并在后续的作战行动中承担了大量空中支援任务。这也是"鱼鹰"倾转旋翼机首次在实战中使用。

"鱼鹰"直升机

空中消防车——
K-600 "哈斯基"通用直升机

K-600 是美国卡曼公司 20 世纪 50 年代为美国军队设计的双旋翼横向交叉布置的通用直升机。美国海军、海军陆战队编号为 HOK（后改为 UH-43D 和 UH-43C，美国空军编号为 H-43，绰号"哈斯基"）。该机采用两副反向旋转和相互交叉的旋翼系统，每副旋翼有两片桨叶。只有摆振铰，没有变距铰和有关的轴承。两旋翼桨叶可前后对齐，以便于存放。

K-600 旋翼直径 14.33 米，机身长 7.67 米，机高 4.733 米，空重 2026 千克，最大起飞重量 3990 千克，最大平飞速度 193 千米/小时，巡航速度 156 千米/小时，实用升限 7010 米，悬停高度 3660 米，航程 354 千米。

K-600 主要型号如下。

（1）HOK-1。标准生产型，是美国海军 1950 年订购的海军型，1953 年 4 月 28 日第一次交付使用。HOK-1 座舱内有 4 或 5 副座椅。用于救护时，除了坐 1 名驾驶员以外，还能容纳两副担架和一名坐着的伤员，担架

"哈斯基"直升机

可以从机头进入货舱。

（2）HH-43A。HOK-1 的发展型，是为美国空军生产的空军型，用于营救坠机驾驶员。该型可容纳 1 名驾驶员、3 名执行营救任务的人员和灭火设备，共生产 18 架。以上型号均装有一台 600 马力的普惠公司的 R-1340-48 型活塞式发动机。

（3）HH-43B。与 HH-43A 相似，装有一台 860 轴马力、降低使用功率 825 轴马力的莱康明公司 T53-L-1B 涡轴发动机，正常燃油量为 755 升。该机于 1956 年 9 月 27 日首次飞行，第一架生产型于 1958 年 12 月飞行。由于发动机安装在机身上方，座舱内可利用空间增加一倍，可容纳 1 名驾驶员和 7 名乘客，最大速度超过 213 千米/小时。HH-43B 在当时曾创造过 4 项直升机纪录，其中：1961 年 10 月 18 日无装载时飞行高度达 10009.6 米；1961 年 5 月 5 日装载 1000 千克时飞行高度达 8037.27 米；1961 年 10 月 24 日用时 14 分 30.7 秒快速爬升到 9000 米高度；1962 年 7 月 5 日最大直线航程达 1429.82 千米。

（4）HH-43F。HH-43B 的发展型，为满足军方高温地带使用要求，改装莱康明 T53-L-11A 涡轴发动机，代替原来的 T53-L-1B 发动机，T53-L-11A 的功率为 1150 轴马力，降低使用功率 825 轴马力，正常燃油量为 1325 升。卡曼公司为美国空军生产了 40 架，为伊朗生产了 17 架。HH-43F 装载量和装载空间都比早期的 HH-43A 增加了一倍。QH-43G 是为美国海军研制的 HH-43F 靶机型。

K-600 是 HOK-1 的民用型，1956 年 6 月由卡曼

K-600 "哈斯基" 直升机

公司首次提供民航使用。K-600-3 是 HH-43B 的民用型。K-600-4 是 HOK-1 的发展型，装有一台 600 轴马力的涡轴发动机。K-600 采用了紧凑的发动机，布置在机身上部而不是内部，因此其座舱空间更大更舒适。同时，在机身后部还安装蚌壳式货门。这些特征使得 K-600 非常适合执行坠机救援任务，在美国空军各个基地都可见到它的身影。美国空军和海军所有 K-600 都在 20 世纪 70 年代中期退出了现役。

独眼蜻蜓——
贝尔-47"苏族人"轻型直升机

贝尔-47是贝尔直升机公司于20世纪40年代研制的单发轻型直升机。该直升机于1941年开始研制，1943年开始试飞，当时编号为贝尔-30，1945年改为贝尔-47，绰号"苏族人"。1946年3月8日贝尔-47获得美国民航管理局适航证，这是美国第一架也是世界上第一架取得适航证的民用直升机。1947年1月，第一架生产型开始交付，由于军民用订货量很大，型号和编号很多，生产数量很大，到1957年年底已经生产2000架，在美国本土一直连续生产25年，现在已停止生产。

贝尔-47机长9.90米，机高2.82米，空重814千克，旋翼直径11.32米，航程402千米，最大起飞重量1338千克，尾桨直径1.59米，爬升率5.4米/秒，实用升限5365米，有地效悬停升限5060米，无地效悬停升限4480米，巡航速度133千米/小时，最大速度169千米/小时。

贝尔-47改型基本情况如下。1947年生产的贝尔-47A、贝尔-47B、贝尔-47B-3，发动机功率均为132.7千瓦（178马力）。1948年生产的贝尔-47D，发动机功率132.7千瓦（178马力）。1949年生产的贝尔-47D-1，发动机功率193.9千瓦（260马力）。1953年生产的贝尔-47G，发动机功率149千瓦（200马力）。

1954年贝尔直升机公司在第一架贝尔-47的军用

型上试装"阿都斯特"-1型涡轴发动机,发动机功率164千瓦(220轴马力)。该机编号为XH-13F,这是该公司也是美国第一架安装涡轴发动机的直升机。

1955年贝尔直升机公司生产的贝尔-47H,钢架焊接尾梁用蒙皮覆盖,发动机功率149千瓦(200轴马力);生产的贝尔-47G-2,发动机功率186.4千瓦(250轴马力);生产的贝尔-47J,尾梁用蒙皮覆盖,发动机功率186.4千瓦(250轴马力);生产的贝尔-47K尾梁用蒙皮覆盖,海军教练机,发动机功率186.4千瓦(250轴马力)。

1960年贝尔直升机公司生产的贝尔-47J-2,尾梁用蒙皮覆盖,发动机功率227千瓦(305轴马力);生产的贝尔-47G-3,发动机装有涡轮增压器,功率

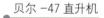

贝尔-47直升机

167.8 千瓦（225 轴马力）；为海军生产的通用直升机 HUL-1M，装 T63 型涡轴发动机，功率 186.4 千瓦（250 轴马力）。

1961 年贝尔直升机公司生产的贝尔 -47G-2A 和贝尔 -47G-3B，使用 VO-435 发动机，额定功率 208.8 千瓦（280 马力）。

1965 年贝尔直升机公司生产的贝尔 -47G-5，发动机功率为 197.6 千瓦（265 马力）；生产的农业专用机贝尔 -47Ag-5，有喷洒装置，功率 297.6 千瓦（265 马力）。

新的改型有以下几种。

（1）贝尔 -47G-3B-1。双座直升机，在较大的温度范围内有突出的高空性能。该直升机装有一台莱康明公司的 TVO-435-B1A 增压式活塞发动机，额定功率 193.9 千瓦（260 马力）。与贝尔 -47G-3 相比，燃油容量增大，座舱加宽 20 厘米，总重增加 45 千克，旋翼桨叶增加重量 4.5 千克，以改善旋翼自转性能和可操纵性。该直升机于 1963 年 1 月 25 日获得美国联邦航空局适航证。

（2）贝尔 -47G-2B-2。与贝尔 -47G-3B-1 相似，将莱康明 TVO-435-B1A 增压活塞发动机功率提高到 208.8 千瓦（280 马力）。该机于 1968 年 1 月 17 日获得美国联邦航空局适航证。

（3）贝尔 -47G-4A。基本的三座通用直升机，装有 227 千瓦（305 马力）、降低使用功率为 208.8 千瓦（280 马力）的莱康明 VO-540-131B3 活塞发动机。周期变距和总距操纵装置有液压助力器。机体大修间隔时间为 1200 小时。座舱和中心框架均可与贝尔 -47G-3B-2 互换。该机于 1965 年 12 月开始交付。

（4）贝尔 -47G-5。廉价型。取消了不太重要的结构和部件，最大有效载重提高到 540 千克。该直升机装有一台 197.6 千瓦（265 马力）的莱康明 VO-435-B1A 活塞发动机。其标准设备包括有机玻璃座舱盖、舱门、大容量电瓶、70 安培 12 伏特的交流发电机、同步运动的水平安定面、两个 108 升的燃油箱、旋转信标、着陆灯。旋翼系统装有稳定杆和液压助力操纵系统，还有自动电气系统和紧凑低矮的仪表台。双座农用型贝尔 -47-Ag-5 装有特兰斯兰德飞机公司制造的化学药剂喷洒系统，重 90.7 千克，喷洒系统装有两个容量为 227 升的玻璃钢容器，两个人在 25 分钟内就能将该系统装上直升机。喷洒杆长度可调，最长有 120 个喷嘴，喷洒宽度为 6 ~ 60 米。当直升机飞行时速为 96 千米 / 小时，每分钟可喷洒 58 亩。

（5）贝尔 -47G-5A。与贝尔 -47G-5 相似，但座舱几乎加宽了 0.3 米。

（6）贝尔 -47J-2A。4 座直升机，具有通用座舱设备。座舱宽度为 1.52 米，舱内前部正中有驾驶员座椅，后面的横条椅可坐 3 名乘客，尾梁前端有一个容纳 113 千克的行李舱。乘客座椅可拆卸，以便在平行四边形框架内安装两副担架，用于陆军野战救护，还配有一个医务人员的活动座椅。用于救援工作时，可使用承载能力 182 千克的内部电动绞车，乘客座椅可向后折叠腾出空间装货。该直升机不用工具，可在

贝尔–47 直升机

几分钟之内改装成任何座舱布局。贝尔–47J–2A 装有 227 千瓦（305 马力）、降低使用功率为 193.9 千瓦（260 马力）的莱康明 VO–540–B1B 活塞发动机，以及大惯性的旋翼系统和液压助力操纵系统。燃油箱安装在旋翼传动轴两侧及机身整流罩上部，总燃油量为 182 升。可选择的座舱设备包括甚高频无线电台、夜航设备、旋转信标、旋翼刹车装置、浮筒式起落架、座舱加温除霜器。

超级靠谱——
贝尔206"喷气游骑兵"多用途直升机

贝尔206直升机

贝尔206是美国贝尔直升机公司在OH-4A轻型观察直升机的基础上发展的轻型多用途直升机,绰号"喷气游骑兵"。该机于1966年1月首次试飞,1966年10月取得美国联邦航空局适航证,可用于载客、运兵、运货、救援、救护、测绘、农田作业、开发油田,以及行政勤务等任务。直升机用户称贝尔206为最安全、最可靠的直升机。

贝尔206发展了多种改型。

(1)贝尔206A。在OH-4A的基础上发展的基本民用型,装一台317轴马力的艾利逊250-C18A涡轴发动机。旋翼直径10.16米,机身长9.50米,机高2.91米,空重660千克,最大起飞重量1451千克,最大平飞速度225千米/小时,最大允许速度225千米/小时,最大巡航速度214千米/小时,最大爬升率384米/分钟，实用升限6100米，悬停升限3870米，航程624千米。

（2）贝尔206B。贝尔206A的改型，改装1台400轴马力的艾利逊250-C20涡轴发动机，从1971年春开始交付使用，共交付了1619架。

（3）贝尔206L。在贝尔206B基础上为适应第三世界国家需要而发展的武装直升机，可装4枚"陶"式反坦克导弹，或14枚无控火箭弹，或其他武器。

贝尔206B和贝尔206L分别搭载更强大的艾利逊250-C20B和250-C28B涡轴发动机，进一步提升了高温高原性能。贝尔206L-1发动机功率大约增加了20%；贝尔206LM为4片桨叶旋翼系统试验机。

贝尔206旋翼系统采用两片桨叶的半刚性跷跷板式旋翼，尾桨桨叶为铝合金结构。座舱前面有两个并排驾驶员座椅，驾驶员座位后面为可供3人用的长椅。座椅两侧各有前开的舱门，后面有可以装113千克货物的行李舱。机身左侧有一个小舱门。

贝尔206直升机

无形杀手——EH-60 电子战直升机

EH-60 是美国西科斯基公司在 UH-60 中型直升机的基础上研制的一种电子战直升机，1981 年 9 月 24 日首飞，1987 年 7 月首架交付给美军。

1969 年美国驻欧洲陆军希望"直升机载辐射体定位"系统具备"快速反应能力"的要求，于是美军开始研制"快定"电子战系统。当时，将"快定"IA AN/ALQ-151 电子战系统安装在贝尔 UH-1H"休伊"直升机上而成为电子战直升机，编号为 EH-1H。EH-1H 是美军的第一架电子战直升机，主要用于为师一级部队指挥员提供前线 30 千米内的战术情况。"快定"IA 由 2 台 GLR-9 接收机和 1 个 AN/TLQ-27A 干扰器组成。除此之外，机上还装有 AN/APR-39（V）2 雷达告警接收机、XM130 箔条/曳光弹发射装置和 AN/ALQ-144 红外干扰器。EH-1H 电子战直升机于 20 世纪 70 年代装备驻欧美军和第 18 空降军。

EH-1H 为单旋翼带尾桨式直升机，其机身为普通全金属半硬壳式结构；旋翼系统为 2 片桨叶的全金属半刚性跷跷板式旋翼；桨叶由铝合金大梁和蒙皮组成，不可

EH-60 电子战直升机

折叠，可互换；尾桨有 2 片桨叶，为全金属蜂窝结构，尾斜梁不可折叠。尾梁上装有 AN/ALQ-151 的 4 根偶极天线，尾梁末端有 AN/TLQ-27 干扰器的一根可收放的鞭状天线；着陆装置采用管状滑橇式起落架；动力装置为 1 台莱康明公司的 T53-L-13 涡轴发动机，功率 1044 千瓦；空勤人员舱门向前开，可拆卸，后舱门为滑动门；舱内有压力通风系统。

1981 年，美军对安装在 EH-1H 直升机上的 AN/ALQ-151 系统的任务设备进行了改进，从而使"快定"IB AN/ALQ-151 成为"快定"ⅡA AN/ALQ-151（Ⅴ）1 系统，由此 EH-1H 改称为 EH-1X。

EH-1X 电子战直升机的机体采用的是 20 世纪 50 年代末研制的直升机，技术落后、性能较差、实用升限低、航程短、有效载重量有限，安装电子战设备后只能乘坐 1 名侦听员。因此，美国陆军转而采用 UH-60A "黑鹰"直升机作为"快定"电子战系统的载机，安装的是 816 千克重的"快定"ⅡB AN/ALQ-151（Ⅴ）2 战场电子战系统，改装成了 EH-60A。

作为美军"特种电子任务"飞机计划的一部分，1984 年 10 月，美国特雷克宇航公司开始把陆军的 UH-60A 改装成 EH-60A 标准型，并于 1987 年 7 月交付首架 EH-60A。改装工作于 1989 年完成，美军共改装了 66 架。

EH-60A 是一种单旋翼带尾桨式直升机，其旋翼系统为 4 片桨叶的铰接式旋翼，桨叶采用在低速和高速下都能满足升力要求的翼型，设计使用寿命长，可承受 23 毫米航炮的攻击，桨尖后掠 20°；尾桨有 4

片桨叶,桨叶翼型与主旋翼相同;机身扁平,采用普通半硬壳式轻合金抗坠毁结构;着陆装置为不可收放的单轮后三点式起落架,可承受 9g 的着陆冲击负荷。

EH-60A 机长 19.76 米,高 5.13 米,旋翼直径 16.36 米,空重 5118 千克,最大起飞重量 9185 千克,最大平飞速度(海平面)296 千米/小时,实用升限 5790 米,航程 591 千米,续航时间 2 小时 18 分;动力装置为 2 台通用电气公司的 T700-GE-700 涡轴发动机,单台功率 1210 千瓦。

电子战直升机在隐蔽的地形上空执行任务时常处于各种威胁环境中,因此 EH-60A 装有完善的生存设备,除保留 UH-60 上的悬停红外抑制器、M130 箔条/曳光弹和 AN/ALQ-144(V)1 红外干扰器外,还装备了 AN/ALQ-156(V)2 导弹探测器、AN/APR-39(V)2 雷达告警接收机、AN/ALQ-136(V)2 脉冲干扰机和 AN/ALQ-162(V)连续波干扰机。

海湾战争期间,有 29 架 EH-60A(包括 2 架备用机)随同美军 9 个师和装甲骑兵团部署到战区。EH-60A 是当时唯一能与作战部队一起行动的师级情报电子战飞机。作为空地联合作战的一部分,它常紧随"阿帕奇"武装直升机一起作战。第一架 EH-60A 随第 82 空降师到达海湾并参与作战,它每天飞行 8 小时,平均每 2 个飞行小时定位 4～6 个辐射目标。大多数 EH-60A 约在 900 米的高度上飞行,但可根据目标的几何形状和防空火力来确定它的飞行高度和飞行航迹。驾驶员和副驾驶员利用方位、距离与航向指示器发现和指示目标。驾驶舱后面的两名系统操作员有明确的分工，左边的操作员负责控制 AN/ALQ-156（V）2 的操作台，右边的操作员负责实施电子对抗的 AN/TLQ-17A 干扰器。在整个战争中，EH-60A 的出勤率保持在 88%，自检故障精度达 90%。美国陆军的每个前线师都有 3 架 EH-60A 被派往其航空旅的通用支援航空营，师级以外的一些现役部队和后备航空部队也使用这种直升机。

海湾战争后，为了进一步提高电子战直升机的作战效能，美国陆军于 1991 年 9 月批准 EH-60L "先进快定"系统计划，将 EH-60A 的 "快定" ⅡB AN/ALQ-151（V）2 系统改进成 "先进快定" AN/ALQ-151（V）3 系统，并称之为 EH-60L。1992 年 6 月，该计划完成了初步设计评审，于 1994 年进行试验。

EH-60 电子战直升机

EH-60L 的"先进快定"AN/ALQ-151（V）3 系统能够测定高频/甚高频/特高频无线电台和战场雷达的方位并进行干扰。机上安装有 T700-70C 发动机，全重 10205 千克，续航时间 4.5 小时。"先进快定"AN/ALQ-151（V）3 系统装有 AEL/桑德斯 TACJAM-A 电子对抗系统，能侦听和干扰从高频到超高频的通信，并使低监听概率信号调制失效；可整合到"康达"电子情报支援系统中，用来监听、定位和记录雷达和其他辐射目标。

"快定"系统通过甚高频或特高频电台向师一级战术作战中心的技术控制分析中心报告，而"先进快定"系统则将自动接收命令和下行链路报告，通过 AN/ARC-164 或"增强位置报告系统"与 TCAC 连接，还可通过美国陆军的"共用地面站"使用"速射"通道。"快定"ⅡB 系统是由分立的电子战系统组成的，而"先进快定"系统则采用开放式结构，其混频器中有侦听、测向和干扰组件，可使用 1553B 数据总线把改进的导航系统与任务分系统连接起来，自检能力达到电路板级。"快定"系统使美军有快速而灵活的电子战能力，而"先进快定"系统将能探测敌方大纵深的目标，并为协同作战部队指示优先目标，还能识别和跟踪敌人的反攻并破坏敌方第二梯队的指挥和控制网。

一键飞行——X2"双倍"攻击直升机

X2 直升机是 2008 年美国西科斯基公司推出的新一代高速攻击直升机。它超凡的设计、特殊的隐身性能和强大的火力,立刻吸引了世界各国的关注。一些军事专家预言:不久的将来,既轻又狠的 X2 将取代"阿帕奇",成为美军战场上又一张新的"王牌"。

X2 高速攻击直升机主要是通过采用现代先进技术,将主旋翼、推进尾桨和发动机进行综合一体化设计,使这种新型共轴双旋翼直升机的性能水平达到传统设计的"双倍"。

(1)采用螺旋桨推进技术。在 X2 直升机机身的水平中心轴上分别安装一个纵向和横向的螺旋桨旋转

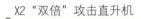

X2"双倍"攻击直升机

系统，当两个螺旋桨旋转系统同时工作时，就会大大提高直升机的水平飞行速度。目前，世界各国所使用的直升机，最高速度一般在 250～350 千米/小时的范围内；而 X2 直升机最高速度达到了 463 千米/小时，是"黑鹰"的 2 倍和"阿帕奇"的 1.5 倍。

（2）采用智能隐身光电一体。X2 直升机运用了大量先进技术，不仅大大提高直升机零部件的使用寿命，降低结构重量，减少维修工作量和使用成本，而且可以提高 X2 直升机的机动和攻击能力。

（3）采用智能旋翼。X2 直升机的双重复合旋翼设计吸取了当今最先进的直升旋翼工艺，是一种智能旋翼，即可在任意方向上随飞行状态变化而变化。这种智能变形旋翼使直升机能随时保持最佳的气动外形，对改善直升机的性能具有不可估量的价值。

（4）采用智能化驾驶舱。X2 直升机在进行侦察时，驾驶员一旦把开关置于"自动侦察"位置，智能化的作战系统就能自动进行全方位搜索和探测并自动显示、记录、报告目标位置。当有导弹来袭时，安全系统就会立即报警，同时显示威胁的性质、方位、距离和所采取的对抗方式；故障显示系统则可自动诊断电子系统和机械系统的故障，甚至能预报即将发生的故障，并显示出应采取的防范措施。

（5）采用隐身设计。X2 直升机无论是外形还是武器外挂点的设计，都将隐身性作为其设计的重中之重。从第四代战斗机开始，隐身设计已经是美军武器设计中必不可少的一环。

（6）采用光传操纵。X2 直升机采用新一代综合化、数字化航空电子系统,使其飞行控制、通信导航、火力控制、电子对抗等方面的性能得以提高,从而使直升机的信息战能力成倍提高。

(7)身体轻盈,动力强劲。X2直升机重2406千克(5300磅),发动机功率为1400马力。另有一个推进螺旋桨,它在飞机后方为飞机提供推动力。

在2010年8月于美国佛罗里达州进行的一次试飞过程中,X2直升机的时速达到259英里(约417千米/小时),打破了自1986年以来便牢不可破的直升机速度纪录,当时一架"山猫"的飞行速度达到每小时249英里(约400千米/小时)。X2直升机扮演的是一个"技术验证者"角色,旨在帮助研制巡航速度能够轻松达到传统直升机两倍的高速直升机。X2

X2直升机

直升机采用双旋翼设计，装有一个螺旋桨推进器同时在空气动力学性能方面进行大量改进。西科斯基公司表示，这种类型的设计能够使直升机轻松拥有更快的巡航速度。在达到时速 259 英里这一创纪录速度之后，X2 直升机项目负责人吉姆·卡格迪斯表示这架直升机的表现超出预期。他说："振动级和飞机性能均实现或超出我们的预期，我们可以很高兴地给出报告，飞机所有系统均表现出色，能够在这一年晚些时候达到 250 节（约 463 千米 / 小时）的巡航速度。"

通常情况下，直升机受到旋翼叶片转动时形成的复杂空气动力学现象限制，会在旋翼叶片相对于飞行方向向后旋转时失去浮力。X2 直升机尾部的螺旋推进器允许直升机飞行员以更高速度飞行，同时将与高速飞行以及主旋翼有关的问题降至最少。西科斯基公司认为，高速直升机能够在军用和民用领域占据一席之地，两个市场均对速度更快的医疗直升机充满兴趣，以减少从偏远地区运送伤员所需的时间。

未来之鹰——
X-49A"速度鹰"远程复合直升机

X-49A"速度鹰"是由美国军方提供经费开发的高速直升机技术验证和发展项目，目标是通过对直升机动力系统的改进设计，大幅度提高现役直升机的飞行速度、作战半径、飞行性能和任务灵活性。

X-49A"速度鹰"最初的计划是作为美国海军执行扫雷任务的一个潜在的平台，而美国空军则计划用X-49A的技术来改进HH-60直升机，用于执行"战斗搜索和救援"任务，以凭借高速度的优势扩大军用直升机的应用范围。

2003年12月，美国海军将X-49A"速度鹰"的飞行试验工作移交给美国陆军。2004年6月，皮亚塞其公司从陆军获得一份合同，负责设计、制造和试验"速度鹰"。2007年6月30日，皮亚塞其公司在波音公司的威明顿试验中心首次试飞"速度鹰"。首飞持续了15分钟，包括悬停、转弯以及慢速前飞和侧飞。尽管首飞较为成功，但"速度鹰"仍然存在不少问题，何时能真正成熟仍未可知。

X-49A空重6190千克，最大起飞重量9927千克，乘员3人，

"速度鹰"直升机

"速度鹰"直升机

最大速度268千米/小时,机长19.76米,最大航程704千米,机高5.23米,最大升限5790米,旋翼直径16.36米,爬升率3.6米/秒。

X-49A采用试验机的"X"而不是原型机的"Y"作为样机的编号,代表着它仍然属于不成熟的试验性系统,未来能否作为改进美国军队现役直升机的措施,关键是其综合技术水平和效费比是否具备足够大的吸引力。

X-49A在美国海军YSH-60F直升机的基础上加装了带有襟副翼和可调推力矢量涵道推进器。升力翼减轻了主发动机的负担,解决了桨叶失速的问题。涵道推进器还能为飞机提供额外的速度。据统计,"速度鹰"在不进行空中加油的情况下,滚动起飞时的作战半径达到1411千米,垂直起降时的作战半径达到963千米,是标准的UH-60的3倍。"速度鹰"的不足之处在于重量有所增加,需要更大的悬停动力。

直升机界"扛把子"——
S-97"入侵者"武装侦察直升机

S-97 直升机是美国西科斯基公司在 X-2 直升机基础上研制的新型高速直升机。为迎合美国陆军打造的"武装空中侦察计划",西科斯基公司于 2010 年 10 月 20 日发布了 S-97 直升机项目设计方案,绰号"入侵者"。推出之初,西科斯基方面设想利用这款直升机取代老化的 OH-58"基奥瓦"直升机,陆军也对此表示赞许。与此同时,美军特种作战司令部也表现出了浓厚兴趣,想用 S-97 来替代 MH-6"小鸟"直升机来执行快反和火力支援任务。

2011 年,S-97"入侵者"直升机项目开始实施过关性审查。按照既定计划,第一阶段拟制造两架原型机,一架用于飞行测试,另一架用于静态展示。2012 年 10 月,西科斯基公司正式开工,并于 2013 年 9 月开始首架原型机的总装工作。S-97 的复合机身由极光飞行科学公司制造。同时,西科斯基公司还与波音公司密切合作,吸纳波音公司用来参与美国陆军"多用途技术展示项目"的高速转子共轴技术,这也在后来被证明成为该项目岿然挺立的关键。

西科斯基公司为整个项目投入了近 1.5 亿美元的资金,与其签署合同的 54 个供应商为其提供近 90% 的零部件。不过美国陆军却左右为难,还在考虑是否要引入竞争机制选用其他方案或者延长 OH-58 直升机的寿命。出于财政吃紧的考虑,陆军于 2013 年暂停了"武装空中侦察计划",S-97 面临破产的风险。

S-97"入侵者"武装侦察直升机

"压力山大"的西科斯基公司没有任何要放弃这个项目的意思。2014年2月,S-97首架原型机的组装进程已经进行了四分之一,且在最高速度444千米/小时下模拟了鸟撞抗毁能力,同时进行了跌落试验用以确保一旦发生坠毁事故时油箱的安全性。为了应对很可能被军队弃用的风险,西科斯基公司还积极开发该机在民用领域的应用能力,如在沿海的采油平台之间运送人员。

在2015财年的财政预算案中,包含了陆军要退役OH-58直升机、将AH-64直升机从美国陆军预备役部队和陆军国民警卫队剥离并配属给现役部队执行空中侦察任务等内容。这让西科斯基公司看到了 S-97 起死回生的曙光。随后西科斯基公司再次向美国陆军建议采购 S-97，以作为失去 OH-58 直升机后的补充，满足预备役部队和国民警卫队对武装直升机的需求。2014 年 6 月，S-97 首架原型机的航空电子系统成功运转。10 月 2 日，S-97 正式对外展示。至此，"入侵者"总算是让世人见到了它的庐山真面目。

  S-97 武装侦察直升机的绰号"入侵者"十分霸气，也带着几分凶气。可以看出它就是冲着超强能力去的。的确不假，从它的整体性能来看，"入侵者"与欧洲直升机公司的 UH-72"勒克塔"多用途直升机及贝尔直升机公司的 ARH-70"阿拉帕霍"武装侦察直升机等同时代产品相比，具有更高的速度和更强的机动能力。"入侵者"转弯时载荷系数能达到 3407 千米 / 小时的巡航速度，是上述直升机的两倍。"入侵者"以西科斯基公司基 X-2 技术验证机的技术成果为基础，融合了 AH-56"夏延人"（该项目于 1972 年终止）和 RAH-66"科曼奇"（该项目于 2004 年取消）的鲜明特点，以及俄罗斯卡 -50 直升机的优点，可谓博采众家之长。具体参数方面：机身长 11 米，空重 4057 千克，最大起飞重量 4990 千克；两个主旋翼均采用 4 片桨叶，直径为 10 米，后机身推进式螺旋桨为 6 叶片，直径 2.04 米；最大航程为 570 千米，续航时间为 2 小时 40 分钟，升限可达 3048 米；武器系统为 50 倍口径（12.7 毫米）机枪，射速 500 发 / 分钟，以及 7 联装火箭弹发射吊舱。

  最具看点的就是 S-97"入侵者"采用了变速共

轴双旋翼+后机身推进式螺旋桨设计的复合布局，这被外界认为具有一定的颠覆性。其技术原理是将两副旋翼按照上下位置安装在同一理论轴线上，一副旋翼正转、一副旋翼反转，采用电传控制系统来控制共轴双旋翼叶片。由于两副旋翼的转向相反，所产生的扭矩在航向不变的飞行状态下相互平衡，通过上下位置总距差动所产生不平衡扭矩来实现航向操纵。共轴双旋翼在直升机的飞行中，既是升力面又是纵横向和航向的操纵面。后机身推进式螺旋桨采用了可变桨距，可以对直升机进行加速和减速。

S-97"入侵者"的旋翼所拥有的刚性非常出色，它没有安装挥舞铰，上下旋翼可以离得很近，而没有碰撞的危险。差动式地加减上下旋翼的桨距以形成扭

S-97"入侵者"武装侦察直升机

力差,不仅形成水平方向上的转向,而且因刚性旋翼非对称升力造成横滚,进一步加速转弯过程。

S-97"入侵者"机身采用了复合材料,具有较强的隐身性能和抗雷达干扰能力。"入侵者"主体由飞行员驾驶舱、刚性共轴双旋翼、机身末端螺旋桨、尾货舱、传感器系统和武器系统组成。机上搭载遥控自动驾驶仪,依靠消振执行器来抵消振动,降噪效果好。另外,还安装了目标传感器,用于情报侦察监视,机头下方安装有光电球,可提供全天候及恶劣天气条件下的对地观测扫描。机上除了2名驾驶员外,还可携带6名全副武装的作战人员随时待命。飞行过程中,由1～2名驾驶员操控或者转入自动驾驶飞行状态。动力系统为与UH-60M直升机相同的通用电气公司YT-706涡轴发动机,单台功率1900千瓦,据称未来很可能安装动力更为强劲的发动机。

S-97"入侵者"面临一个竞争对手:贝尔直升机公司开发的V-280通用倾转旋翼机。由于V-280采用了与V-22"鱼鹰"类似的倾转旋翼设计,而此类设计目前公认尚不成熟。V-22的安全性至今仍然饱受诟病,美国特种作战司令部也表示看好S-97。因此,相比之下同样具有革命性意义,但更加稳妥的S-97自然就在竞争中占据了先手。如果说V-22"鱼鹰"倾转旋翼机是剑走偏锋,将运输机与直升机的优势合二为一,那么S-97绝对是在直升机领域具有划时代意义的武器装备。它最大限度地保留了直升机的优点,还弥补了直升机的先天缺陷,在飞行速度、安静性等方面大幅超越了传统的直升机。

"鱼鹰"不死——
V-280"勇敢"通用倾转旋翼机

V-280 倾转旋翼机是贝尔直升机公司和洛克希德·马丁公司联合研制的第三代倾转旋翼机,是为美国陆军"未来直升机"计划所专门打造的机型。2013 年 6 月,贝尔直升机公司宣布,其 V-280"勇敢"第三代倾转旋翼机设计方案已被美国陆军联合多功能技术验证机项目选中。

经过多年伊拉克和阿富汗战事消耗,现役的 OH-58 机群早就不堪重负,这些诞生于 20 世纪 70 年代的老机型尽管实施过机体延寿和改装美容,可毕竟是当初的老设计,内部设计冗余度早已耗尽,再要挖

V-280"勇敢"旋翼机

潜实在是勉为其难。更要命的是，美国陆军航空兵装备数量更多的 UH-60 通用直升机也到了退休年限。面对两大主力直升机"双下岗"的尴尬局面，美国陆军索性提出新一代通用/武装侦察直升机的项目招标，由于夺标者理论上能拿到未来美国陆军航空兵部队数以百架甚至上千架的订单，因此美国甚至欧洲各厂商无不拼尽全力，最后贝尔直升机公司拿出 V-280 "勇敢"通用倾转旋翼机。

尽管 V-280 和 V-22 一样都采用倾转旋翼设计，但根据实际操作经验和通用直升机作战需求的想定，它在发动机和传动系统方面进行了改头换面，采用完全不同的设计。过去 V-22 的发动机舱和旋翼采用一体化设计，当变换飞行模式时直接调整发动机舱角度，让旋翼推力轴线从接近水平改为垂直，为机体提供在直升机飞行模式下的升力与推力。这种设计的最大优点是大幅简化发动机和旋翼的传动系统，降低传动系统的复杂性，但缺点是发动机舱加上旋翼的整体重量，导致主翼梁和发动机舱的接点需要承受大量应力，况且驱动发动机舱变换迎角的相关液压系统也需要额外的功率输出。为防一侧发动机失效，V-22 还在左右两台发动机之间安排了备用紧急传动轴，并且贯通主翼内部，这都令发动机舱和主翼的设计变得极为复杂。

为解决 V-22 的发动机舱设计所带来的各种问题，贝尔直升机公司在设计 V-280 "勇敢"通用倾转旋翼机时想出既简单又可靠的办法，那就是旋翼/传动系统和发动机舱并列配置。虽然 V-22 的发动机舱

和旋翼采用纵列设计，但是 V-280 的发动机舱移到旋翼 / 传动系统外侧，而旋翼角度调整则由旋翼 / 传动系统的伺服驱动系统负责。如此一来，V-280 就不必像 V-22 那样在主翼和发动机舱上大动干戈，省去额外的机械系统和重量，旋翼角度调整无须调动发动机和传动系统，因此不仅主翼设计可以简化，而且主翼高度也不必为了保持发动机舱和地面的安全距离而刻意拉高。这意味着 V-280 的机体设计具有更大的灵活性，不像 V-22 倾转旋翼机为保持发动机舱在起降时的相对安全位置而必须采用上单翼设计。

发动机舱和旋翼 / 传动系统并列配置的另一大优点是降低 V-280 的红外信号，提高战场生存力。目前，V-22 在直升机模式下飞行时由于发动机舱是朝下方排气，因此对于绝大多数的便携式红外制导防空导弹来说，两台发动机舱的排气口形同绝佳的靶子，虽然理论上旋翼的下洗气流可以冷却燃气热量，但是对于新一代便携式防空导弹来说，发动机舱仍是非常明显的热源信号，而且偏偏因为结构限制，V-22 机组也很难通过调整飞行动作来遮蔽排气口。相比之下，V-280 的发动机舱因为不能随旋翼角度调整，就算在直升机飞行模式下，发动机舱的排气也不是直接朝下，这样不仅大幅降低发动机舱遭到便携式防空导弹直接锁定命中的可能性，而且发动机的燃气也能够迅速被旋翼下洗气流打散冷却，减少热源信号特征。事实上，由于旋翼 / 传动系统采用独立设计，因此当 V-280 的旋翼要调整推力角度时，以主翼梁为轴心直接变换旋翼指向，但发动机舱和旋翼 / 传动系统基座则是采用固定式设计,这样不仅在强度上比 V-22 的活动关节要高,而且也节省制造过程所需的工序和前线部队的维护工作量。

由于 V-280 要取代现役的 UH-60 通用直升机,因此贝尔直升机公司在机舱设计上刻意比照现有 UH-60 的设计,不仅采用大型侧舷滑动舱门,连位于驾驶舱后面的机枪手射击窗都原封不动地保留下来。过去 V-22 在直升机模式飞行时发动机舱会干扰舱门机枪射界,以至于美军出于避免误击考虑没有安装舱门机枪,只靠布置在尾部货舱门的机枪提供最低限度的压制火力。但是 V-280 采用并列发动机和旋翼/传动设计,因此安装舱门机枪无须担心误击发动机舱的

V-280"勇敢"旋翼机

危险，不过在水平飞行时，旋翼划过的区域仍会影响机枪操作，因此舱门机枪主要在直升机飞行模式下使用。

由于有大型侧舷舱门，因此机载步兵可以快速登机，无须从机尾鱼贯出入，减少了在地面的停留时间。V-280 的机舱内可容纳 11 名全副武装的步兵，而在执行紧急医疗后送任务时可容纳 4 副担架，或者直接在机舱地板上容纳 6 名轻重伤员。在吊挂物资方面，贝尔直升机公司分析 V-280 的最大起重能力可达 1.2 万磅（约 5443 千克），未来能直接吊挂现役 "悍马" 车或者 155 毫米口径 M777 榴弹炮，增强了前线部队执行垂直突击任务时的装备运用灵活性。

由于双旋翼设计能够相互抵消运转时产生的扭矩，因此 V-280 无须像直升机那样担心脆弱的尾桨遭敌方火力损伤。为了尽可能减少被弹投影面积，V-280 采用 V 形尾翼设计，可在固定翼机飞行模式下同时满足俯仰和转向操作。V-280 在低速灵活性、高速大过载机动性能、燃油效率等各方面都大大优于 V-22，并且能飞更远的航程。为了简化机体设计，V-280 并未采用 "前三点式" 起落架，而是采用和 UH-60 相同的 "后三点式" 起落架。在固定翼机飞行模式下，V-280 的最大航速可达 280 节（约 519 千米 / 小时），并能在 30℃ 且无地面效应的情况下以直升机模式在 6000 英尺（约 1.8 千米）高度长时间飞行。

V-280 的最大竞争对手当属 S-92 "突击者" 直升机。与采用全新设计的 S-92 相比，V-280 的强项

V-280"勇敢"旋翼机

在于技术成熟,而且在机舱设计方面与现役UH-60直升机具有极大的传承性,可以减少后续人员培训的需求。但需要强调的是,V-22在美军内部的评价存在争议,由于它造成过多起重大空难,因此V-280能否借助同型设计的优势赢得美国陆军航空兵的欢心,仍有待后续测试考核才能分出高低。

红色"暴力美学"的杰作
——苏联/俄罗斯直升机

苏联/俄罗斯直升机研制有独特的设计理念和思路，擅长共轴双旋翼直升机和重型直升机研制，其军用直升机发展一直相对稳定，装备体系较为完整，现拥有1400多架军用直升机，其中：攻击直升机500架左右（机型有米–28/N、卡–50/52、米–35/M、米–24P/PN）；运输和特种直升机700多架（机型有米–8、米–8AMTSH、米–8MTV-5、米–8PP、米–26）；教练直升机70多架（机型有"安萨特"、卡–226）；海军舰载直升机100多架（机型有卡–27、卡–28）。苏联/俄罗斯的军用直升机发展之路，是在"扩大机队规模"的同时，着重"升级改进与打造新型号同步并进"。苏联/俄罗斯军用直升机绝大部分是归属空军的，近年来俄罗斯空军军用直升机扩张已经进入最后阶段，未来将致力于提高机队现代化程度，对许多还在寿命周期内的直升机进行大修和现代化改进，来提升军用直升机的总体实力。

苏联版"鱼鹰"——卡-22"铁环"重型直升机

卡-22直升机是由苏联卡莫夫设计局研制的固定翼旋翼结合的运输直升机,集直升机垂直起降与固定翼飞机的高速度、大载荷、大航程等优点于一身。第二次世界大战后,为了争夺世界霸权,美苏两国展开了一系列军备竞赛。当时的苏联和美国都敏锐地意识到了重型直升机在军民用领域巨大的应用前景,不约而同地开始研制不同构型的重型直升机。这些直升机研制速度之快、想象之大胆、运载量之大,即使在今天看来也令人惊叹不已。尤其是苏联,在重型直升机方面创下了世界之最。

卡-22直升机

20世纪50年代初,苏联的直升机事业刚刚起步,技术上也并不十分成熟,但苏联政府却雄心勃勃想与美国抗衡,决心靠自己的力量来实现直升机技术的突破,从而进行了一系列重型直升机的大胆尝试。当时,卡莫夫设计局早期的卡-15,起飞重量为2500千克,最大速度只有170千米/小时,该机还不能完成运送货物、技术装备和人员的任务。20世纪50年代出现的米-4,最大起飞重量7800千克,最大允许载重1570千克,速度200千米/小时,也不能满足大起重能力的技术要求。

苏联希望利用重型直升机运送其他工具难以运送的物资和设备,也需要新型飞行器补充军备。用作军事运输时,重型直升机要能运送导弹发射车、轻型装甲车辆及其乘员,或运送大量步兵进行机降作战。在民用方面,重型直升机要能将一些超大超长的设备运到像西伯利亚这样偏远的地区。于是,卡莫夫设计局在里-2飞机机身和旋翼结合的基础上提出了混合直升机方案,即卡-22直升机。

卡-22旋翼直径22.50米,机翼翼展28.00米,机长22.86米,机高8.22米,最大起飞总重31751千克,有效载重16485千克,最大平飞速度375千米/小时,最大巡航速度340千米/小时,巡航速度280千米/小时,经济巡航速度220千米/小时,实用升限3000米。

卡-22的出现并非偶然,早在1951年卡莫夫设计局就提出了复合式直升机的设计构想,并通过对旋翼飞行器的反复研究得出这样的结论:把旋翼作为升力系统的直升机，不可能从根本上提高飞行速度，也无法增大航程和高度。1951—1952 年，卡莫夫设计局研究了一种复合式直升机方案：改装批量生产的里 –2 飞机，在它上面加装两副旋翼，动力装置采用涡轮发动机 TB-2。卡莫夫设计局提出了里 –2 飞机改装后的技术指标：速度应达到 320 千米 / 小时，升限为 6500 米，航程为 450 千米。里 –2 飞机的大尺寸旋翼模型在中央空气流体动力研究院进行了风洞吹风试验，试验结果充分证实了计算数据的可靠性，并证明了里 –2 飞机改装方案的可行性。根据里 –2 飞机改装的设计要求，即改装后要具有空降能力，卡莫夫设计局对里 –2 飞机改装的原始方案又进行了修改，修改后的方案定为卡 –22。北大西洋公约组织赋予卡 –22 绰号为"铁环"。

卡 –22 的方案在中央空气流体动力研究院通过了评审，并进行了模型吹风试验，试验结果再一次证实了计算数据的正确性。同时，该方案也得到了空军和海军的好评。方案评审后的第二年，卡 –22 的研制计划得到批准，首选作为军用。1956 年，卡莫夫设计局又完善了卡 –22 的研制方案。卡 –22 原理比较新，它是将直升机的优点（起飞、着陆不需要滑跑，能垂直起降）与固定翼飞机的优点（具有比普通直升机更大的载重量、更远的航程和更高的速度）有机结合进行重型直升机研制的首次尝试。卡 –22 的升力系统由机翼和安装在两侧翼端的两副横列式旋翼组成，在起飞、着陆和小速度飞行时主要靠旋翼产生升力，在大速度飞行时靠机翼产生升力。卡 –22 的两副旋翼固定在翼端，不能倾转。为产生前飞时的拉力，每副旋翼下面的发动机吊舱前面装有推进螺旋桨。当卡-22以飞机形式飞行时，主要靠机翼和推进螺旋桨产生升力和拉力。

在研制卡-22的过程中，卡莫夫设计局的专家们进行了大量理论和试验研究工作，在气动计算、稳定性、操纵性等方面研究出许多新方法。试验之前，用计算机进行飞行动力学模拟，在飞行模拟器上进行了基本飞行状态的检验，对主要部件、组件、系统进行了研究性试验，在飞行实验室对旋翼进行了试验。

卡莫夫设计局第一次研制这样的双旋翼横列式布局旋翼机，在研制期间和试验过程中需要认真解决几个技术问题。一是研制一种振动水平低的旋翼，该旋翼在完成直升机模式飞行时必须有相当高的效率。二是研制一个原理上全新的复合式航空器的操纵系统，无论是以直升机模式飞行还是以飞机模式飞行时，该系统都应该保证具有最佳操纵特性。三是所研制的这种旋翼航空器，机身相对重量要小，装卸货要非常方便。

由于大量的时间都花费在一些试验上，卡莫夫设计局没能在规定时间内完成卡-22的研制任务，直到1959年才完成首次飞行。卡-22最大起飞重量为31.8吨，可用载重为16吨，最大速度为375千米/小时。当时，卡-22还创造了许多世界纪录，如1961年11月携带15000千克载重创造了2588米的高度纪录。由于卡-22结构过于复杂，技术上还不够成熟，甚至在1964年7月16日飞行试验中出现了机毁人亡的事

卡-22 直升机

故，致使其并未投入批量生产。

（1）**总体布局**。卡-22 采用横列式双旋翼＋机翼＋推进螺旋桨布局，无尾桨。卡-22 的机翼为上单翼，有副翼和襟翼，有平尾和垂尾。左右机翼的翼端均装有 1 副旋翼和 1 副螺旋桨，翼尖分别安装 1 台发动机，驱动旋翼和螺旋桨。卡-22 的旋翼是米-4 旋翼的放大型，2 副旋翼反向旋转，每副旋翼 4 片桨叶，并装有调整片，每副螺旋桨有 4 片叶片。

（2）**机身结构**。卡-22 机身为金属半硬壳式结构，机身后部有装货板，可装卸车辆。整个机头可以向右旋转打开，便于装载大型货物或车辆。驾驶舱位于机头上方，主机舱容积 17.9 米 ×3.1 米 ×2.8 米，

卡-22 庞大的机体

可放置 80 个座椅或 16.5 吨的货物。座舱内可容纳 80～100 名乘客。着陆装置为不可收放的前三点式起落架，每个起落架均为双轮。

（3）**动力装置**。卡-22 原型机安装的是 TV-2VK 涡桨发动机，后换装 4100 千瓦的 D-25VK 发动机。发动机自由涡轮通过离合器传动驱动旋翼，通过传动驱动螺旋桨和一副冷却风扇，利用风扇把空气从发动机短舱上面的圆形进气口吹向油冷却器。两个自由涡轮通过一根 20 米长的高速轴相连接。在直升机模式下，螺旋桨传动器脱开离合器，襟翼完全放下。飞行控制通过旋翼周期变距和总距实现。在定翼机模式下，旋翼脱开离合器自转，通过机翼副翼及尾翼进行控制。

（4）**飞行控制系统**。为了提高稳定性和操纵性，卡-22 安装了差动自动驾驶仪，持续监控飞机姿态和角加速度，反馈给 KAU-60A 综合飞行控制系统。

反潜利器——
卡-27"蜗牛"反潜直升机

卡-27 是苏联卡莫夫设计局设计的双发共轴式反转旋翼多用途军用直升机,北约绰号为"蜗牛"。卡-27 于 1969 年开始设计,原型机 1974 年 12 月首飞,20 世纪 80 年代初研制成功并投入生产。1982 年卡-27 开始服役,用来取代卡-25。

卡-27 旋翼直径 15.90 米,机长 12.25 米,机高 5.40 米,正常起飞重量 11000 千克,最大起飞重量 12600 千克,最大有效载荷 4000 千克,全重 10700 千克,最大平飞速度 270 千米/小时,最大巡航速度 230～240 千米/小时,最大爬升率 12.5 米/秒,续

卡-27 直升机

航时间 4.5 小时，航程 1200 千米，实用升限 6000 米。

由于卡–27 的共轴双旋翼有着先进的性能，卡–27 的升重比高，总体尺寸小，机动性好，易于操纵，在海上平台和恶劣气候中飞行安全，易于操纵和优秀的导航系统使得卡–27 在漫长的作战任务中可以只由一名飞行员驾驶，无论季节气候、白昼黑夜，即便仪表飞行也轻而易举。座舱宽敞，视野良好。飞行员座椅在左边，易于观察前方和下方，导航员和武器操作员在右边。对于飞行员来说，卡–27 最值得称道的就是没有尾桨，他们的脚无须踩在踏板上控制尾桨，可以在需要的时候站起来观察。

当捕获目标后，机上的自动控制系统与电子系统将解算任务数据，引导直升机飞向敌潜艇水域，并在飞行员指令准许下自动发射武器进行攻击。飞行控制系统可记录 8 个不同的飞行路径动作，且可以将单个飞行路径组合起来形成新的飞行路径。实际上，在飞一些典型的动作的时候，飞行员根本无须动手。

卡–27 装有 1 枚 406 毫米自导鱼雷、1 枚火箭弹、10 枚 PLAB-250-120 炸弹和 2 枚 OMAB 炸弹。鱼雷装在可加热的鱼雷舱内，以确保即使在低温条件下鱼雷无须预热，即可迅速发射；采用 65 千赫兹主动音响近炸引信，声自导系统截获目标的最大距离 580 米，最大定深 300 米，尾部加装降落伞。苏联选用 406 毫米鱼雷主要是因为 20 世纪 70 年代他们还没有可靠的小尺寸鱼雷。当然，该鱼雷也有个优点，就是足以摧毁现有的各种潜艇。

卡–27 虽然算不上当今世界最先进的反潜直升

机，但其性能出色，是一种专用反潜装备。它可在较小型的驱逐舰、护卫舰上起降，使用十分灵活，非常适合于舰队反潜作战。作为舰载直升机，卡-27与传统单旋翼的反潜直升机相比，主要有4点优势。

（1）设计紧凑。卡-27结构紧凑，外形尺寸小，其旋翼也可折叠，大大缩小了直升机的尺寸，使其可装载在小型舰艇机库中。采用了四点式不可收放式起落架，其防倾角度较大，稳定性更好，很适于恶劣海况条件下在起伏摇摆的舰艇甲板上直接起降，可在10级海况下进行起降作业。另外，卡-27机身采用防腐蚀金属结构，机身两侧装有飘浮气囊装置，可在紧急情况下在海上安全降落。

（2）操作简便。卡-27采用的反转双旋翼可相互抵消打转力矩，气动力对称，因此不需要平衡用的尾桨，易于操作，可用效率高，在速度为120～130千米/小时的效率可达0.65～0.7，而有平衡桨的直升机只能达到0.5～0.6。同时，尾部采用的水平尾翼和垂直尾翼，可用脚蹬操纵直升机绕其垂直轴线原地转圈，在静升限上亦可进行。卡莫夫设计局主管设计师格里高利博士认为，这可使直升机在退出攻击时和与敌人接近的时间缩短为原来的1/3～1/5，对在极短的时间内占领攻击阵位并实施精确射击都十分有利。

（3）作战高效。卡-27在反潜作战中通常采用双机编队模式，但也可由单机进行搜索探测后自主发起攻击。卡-27自动化程度较高，捕获目标后，机上的自动控制系统与电子系统将解算任务数据，引导直升机飞向敌潜艇水域，并在飞行员指令准许下自动发射武器攻击。

（4）**性能优越**。卡-27 对水面目标的搜索距离最大可达 200 千米，对通气管状态下航行的潜艇发现距离为 30 千米以上，可以捕获潜深 500 米、航速 75 千米/小时的潜艇，可在 5 级恶劣海况下进行昼夜反潜作战，最大反潜作战半径可达到 200 千米，巡航时间可达 4.5 小时，且还可保留有 45 分钟余油。

卡-27 并非完美无缺，至少存在以下 3 点不足。

（1）**飞行速度较慢**。采用共轴式双旋翼布局的直升机有上下两副旋翼，飞行阻力比较大。因此，一般来说，共轴式直升机的飞行速度都低于同重量级别的单旋翼带尾桨式直升机。

卡-27 直升机

（2）**电子设备落后**。机上所采用的电子设备大多为苏联时代的产品，其座舱仪表基本上采用传统的老式电子仪表，其性能与美、欧先进直升机有明显差距。由于各国潜艇的静音效果、隐蔽能力都在迅猛发展，卡-27采用的搜索装置也急需进行升级，才能满足现代反潜战的需要。

（3）**布局设计不尽合理**。苏联电子设备体积庞大，而巨大的油箱又占据了卡-27机舱的中央位置，使其原本狭小的机舱更显拥挤。另外，卡-27采用的四点式不可收放起落架虽然便于直接降落，但也使直升机难以安装外挂架，直接影响到其性能的提升。

作为一种中型反潜直升机，卡-27秉承了共轴式双旋翼直升机结构紧凑、机动能力强、升重比大等独特的性能优势，并拥有较为先进的多种反潜战装置，可以探测发现500米潜深、最大速度75千米/小时的潜艇，其性能已足以满足大多数国家的反潜作战需要。考虑到其几百万美元的身价，卡-27反潜直升机可称得上是价廉物美，因此也颇受第三世界国家海军的欢迎。

海上猎手——
卡-29"蜗牛"B 突击运输直升机

卡-29 是苏联卡莫夫实验设计局研制的双发突击运输及电子战直升机,北约绰号为"蜗牛"B。卡-29 于 20 世纪 60 年代末开始研制,利用卡-27 的机体设计改进而成,1984 年开始投入批量生产,1985 年正式在苏联海军登陆舰上服役。

20 世纪 60 年代末,美苏两国正处于冷战的白热化时期,包括发展新式武器装备在内的军备竞赛十分尖锐。加强海军陆战队的两栖作战能力,是苏联海军当时非常重视的建设项目之一,这就需要两栖战斗直

卡-29 直升机

升机。此外，卡-25需要更新换代的后继机，海上舰艇编队也需要垂直补给工具。于是，"一机三型"的卡-28、卡-29和卡-32便应运而生。

这三种直升机按"一机多型"的思想研制，外形、尺寸、动力和载重等指标都基本相同。其中，卡-28是舰载反潜型直升机；卡-29是舰载两栖战斗兼运输多用途型直升机；卡-32是可舰载的运输型直升机（也可民用）。"一机多型"或"一机多用"的设计思想和做法，目前已被世界军事强国广泛采用。

卡-29主要服役于苏联海军"伊万·罗戈夫"级大型登陆舰，按照舰上条件可搭载2～4架。卡-29与卡-27同样装有两台TV-3-117V涡轴发动机驱动共轴双旋翼，两种直升机的机体主要结构、尺寸规格和重量也基本相同。卡-29被苏联海军用于渡海登陆作战中的对地攻击和武装运输，主要用来将登陆部队的步兵和装备从登陆舰艇运送到滩头作战区域，在承担运输任务的同时还可以对登陆部队提供必要的火力支援。为了满足在敌方抗登陆范围内执行对地攻击和运输任务的需要，卡-29重新设计的前机身增宽了驾驶舱，加强了装甲防护，前风挡也改为由3块防弹平板玻璃组合而成。卡-29机身两侧加装了与米-8/17武装型类似的桁架式武器挂架（外挂架上布置有4个挂点），突击/运输型在机身一侧安装有与米-24V相同的固定式30毫米2A42航炮，而运输型则在机头安装有可伸缩的4管7.62毫米机枪，机载电子支援系统由红外干扰机、雷达告警接收器、敌我识别系统组成。

卡-29 空重 5520 千克，最大起飞重量 12600 千克，乘员 2 人，最大速度 280 千米 / 小时，机长 15.9 米，最大航程 440 千米，机高 5.4 米，最大升限 3700 米，旋翼直径 15.5 米，爬升率 12.1 米 / 秒。卡-29 设有强力装甲，能保证其在作战中有足够的生存能力。驾驶舱为并列双座布局，从而压低了直升机的侧面尺寸，不仅减小了侧面被弹面积，而且有利于两名乘员的动作协调。卡-29 的重心较低，起落架为四点式，整个直升机显得很低矮，因此防倾倒角比三点起落架要大，稳性更好，抗舰艇摇摆能力较强，很适于舰载。卡-29 还可在海面上迫降。

卡-29 主要用于提高登陆作战时的机动性和支援火力强度，依靠机载武器摧毁水面和陆上的运动目标，对登陆部队进行火力支援和执行滩头压制任务，并且可以在登陆舰艇到滩头阵地之间运送人员和物资。用途比较广泛的卡-29 在登陆作战中主要作战应用方式有以下几个方面。

（1）**武装侦察**。作为具备武装和防护装甲的突击直升机，卡-29 有条件抵近目标侦察以获得比高速飞机更好的侦察效果，并且可以通过火力试探来发现可能存在的隐藏抗登陆火力设施。登陆部队通过卡-29 对预定登陆地域进行登陆前的补充侦察，配合其他侦察手段发现登陆场内最新的抗登陆部署和火力点位置，为指挥人员及时提供登陆地域的有关情报。

（2）**火力支援**。在登陆部队上陆前，卡-29 对预定登陆地域的抗登陆设施实施航空火力准备，攻击、压制登陆地域附近的兵器和防御设施，消灭、杀伤敌方有生力量，对登陆部队及时实施火力支援，压制抗登陆方机动部队的反登陆行动。

（3）兵员物资运输。卡-29可以垂直登陆的方式快速运送并掩护登陆部队抢占登陆场，通过及时向重点地区投送兵力和装备形成局部优势，保证在敌方抗登陆力量发挥作用前占领登陆场，配合其他登陆部队作战。

（4）攻击小型水面舰艇。卡-29可利用机载反坦克导弹和火箭弹在舰队外围进行战斗巡逻，可对敌方小型水面舰艇进行有效的打击，以削弱敌方小型舰艇对登陆舰队的威胁。

对于大量装备有卡-27的苏联海军来说，卡-29

卡-29从航空母舰上起飞

是个经济的选择，而且在性能上能够满足登陆作战中对突击直升机的基本要求。苏联海军将卡-29作为多用途直升机并非因为其性能有多么好，而是在缺乏大型直升机搭载平台的情况下被迫采取的措施。苏联开发卡-29主要是运输登陆先遣队或者担负机动突击的火力支援任务，并不是作为常规意义上的武装直升机来使用。在卡-29的作战任务中，运输要比攻击占有更加重要的地位，这和常规武装直升机以攻击和火力支援为主的使用方式存在明显的区别。由于卡-27是以海上反潜和侦察作为基本任务来设计的，在性能指标和结构设计上存在很多固有的特点，并不适合卡-29的实际使用需要。例如，卡-29有一个正面面积比机舱还大的机头来布置驾驶员和火控装置，因此造成了其正面投影面积和整机体积都比较大，在隐蔽性和迎头受弹面积上明显不如串列双座的武装直升机，卡-29虽然在改装中为驾驶舱和动力装置增加了一定的装甲防护，但因需要防护的面积过大和结构总重量的限制（为了满足运输载重量的要求），装甲防护的整体效果与专用武装直升机也存在比较大的差距。例如，米-28机体大部分防护部位都可以抵御12.7毫米机枪的攻击，动力和传动装置等要害区域甚至能够抵御20毫米炮的攻击，但卡-29的主要装甲防护却只能防御7.62毫米机枪弹的射击，发动机部分的防护能力也只是满足对抗12.7毫米机枪的标准。正因如此，卡-29在战斗中难以作为"空中坦克"执行攻击任务，仍然需要固定翼飞机和舰炮火力的支援才能够有效完成作战任务。

飞行的雷达站——卡-31"螺旋"预警直升机

卡-31(北约绰号"螺旋")是苏联第一款真正意义上的预警直升机。该机于1983年首次试飞,1995年正式装备俄罗斯海军。除用于航母舰载机外,卡-31也可搭配巡洋舰、驱逐舰、护卫舰或岸基使用。卡-31使用E-801M"眼睛"型空中和海上监视雷达,机腹装有一座大型雷达天线,10秒钟内可旋转360º,探测距离115千米,可自动跟踪20个空中目标。

早在20世纪60年代,苏联出于反潜作战的需要,由卡莫夫设计局研制出卡-25反潜直升机。在此基础上,卡莫夫设计局遵循"一机多型"的设计思路,发

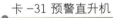
卡-31预警直升机

展出了卡-252原型机，并成为后来多种舰载直升机的基础。1974年，苏联海军向卡莫夫设计局定购了一种舰载突击支援直升机，编号为卡-252TB。1984年，这种直升机进行批量生产，并被重新命名为卡-29。其后，卡-29舰载直升机先后改进发展出战斗型和运输型，而运输型则成为卡-31的原型。

1985年，卡莫夫设计局接到为苏联海军研制舰载预警直升机的任务，立即投入研制工作。1987年，卡-29RLD原型机实现首飞，1992年开始在"库兹涅佐夫"号航空母舰的甲板上进行作战验证，在经过近三年的改进工作后，最终定名为卡-31预警直升机。1995年，先后有031号和032号两架卡-31加入俄

卡-31预警直升机

罗斯海军航空兵服役，参与了多次海上演习，表现出了优良的性能。就在那一年，卡-31在莫斯科航展上首次公开露面，外界才逐渐知晓了这种新型预警直升机的主要特点和基本性能。

与舰载固定翼预警机相比，舰载预警直升机在作战半径、续航时间和飞行高度等方面难以相提并论，因此对高空目标的探测和跟踪能力相对较差，作战效能相对有限。但是，舰载预警直升机凭借轻便灵活的优势，可以非常方便地在小型航空母舰和驱逐舰上起降，特别是极其低廉的造价显示出相对较高的效费比，具有很好的发展前景和销售市场。因此，如何研制出高性能的预警直升机正成为各国亟待解决的难题。

在西方类似的预警系统中，英国皇家海军的"海王"Mk2预警直升机只是配备了向一侧旋转的天线罩，法国的"超美洲豹"预警直升机腹部装有一副折叠式战场监视雷达的天线。尽管卡莫夫设计局并非以设计预警机见长，但设计师们却独辟蹊径，在世界上率先研制出采用大尺寸雷达天线的卡-31预警直升机。与英法两国的技术相比，卡-31在系统综合设计方面更加巧妙，因此具有更为出色的预警性能。

卡-31装备的平板式天线长6米、宽1米，重量约为200千克，采用可收放式结构。在垂直降落和飞行时，雷达天线处于折叠状态平贴在机身下部表面。预警指挥时，机身左下部的液压滚动筒，推动雷达天线伸展并旋转到90º。如果飞行中遇到意外情况，直升机需要紧急着陆时，雷达天线可以通过手动操纵进行折叠，必要时也可通过爆炸抛掉。

针对舰载直升机的总体布局和结构特点，卡莫夫设计局在设计卡-31时大胆创新，在机身下面采用了折叠式平板天线，较好地解决了直升机预警范围较小的问题。卡-31装有下诺夫哥罗德无线电科学研究院研制的E-801M"眼睛"机械扫描脉冲多普勒L波段雷达，具有空对空、空对地两种工作模式。直升机上有独立的供电电源，可以保证整个雷达系统的正常工作。

E-801M雷达可以探测和识别嘈杂背景下的200个目标，同时跟踪20～40个目标，自动确定移动目标的坐标和参数，并自动进行敌我识别。它能在3000米高空中搜索和跟踪低空和超低空飞行的小型目标和海上目标，可以探测到110～115千米距离的战斗机、直升机和巡航导弹，对海上小型舰艇的探测距离达200千米。卡-31可以在1500～3350米高度内飞行，直接将雷达探测到的各种目标坐标、速度和飞行方向等数据，通过加密无线电数据链实时传输到舰载或岸基指挥中心进行处理，有效距离达到150千米。此外，卡-31还可将来自其他直升机或无人机上的侦察信息转送到地面站，并将目标信息转发给攻击直升机，从而在很大程度上增强了舰队的整体作战效能。

从总体性能上看，卡-31在海平面条件下最大平飞速度250千米/小时，巡航速度220千米/小时，巡逻速度100～110千米/小时，最大初始爬升率15.4米/秒，实用升限3500米，作战半径150千米，最大航程600千米，续航时间2.5小时。可以看出，卡-31凭借着设计上的简单实用，已经开始在俄罗斯海军中扮演极其重要的角色。

除俄罗斯海军外，卡-31还曾对印度出口。印度是第二个装备该机的国家。作为一个南亚大国，印度长期以来大力加强防空体系建设，形成了纵贯本土的机动雷达网，但这种基于防御的防空预警系统无法满足其日益发展的长远战略目标。与世界上少数军事强国相比，印度在远程预警和指挥控制能力方面存在着致命的缺陷，为此他们一直在通过各种途径，处心积虑地寻求性能先进的空中预警机。1988年7月8日，当时的印度国防部长潘特在国防部顾问委员会上率先提出，印度政府应考虑引进预警直升机，以增强海军舰船的作战能力。印度最先将目光锁定在英国的"海王"Mk2和法国当时还在研制的"超美洲豹"Mk2上，但英国拒人于千里之外的态度以及法国拖拖拉拉的作风让印度的计划受挫。时间到了1995年，俄罗斯推出新研制的卡-31，这让印度看到了希望。

根据计划，印度海军将把卡-31直升机装备到从俄罗斯引进的3艘"克里瓦克"Ⅲ级改型导弹护卫舰，以及"维兰特"号和"戈尔什科夫"号航空母舰上，来提高海上监视能力。毋庸置疑，随着卡-31在印度海军服役，印度海军的立体化作战能力将显著增强，并将逐步实现其远洋进攻性战略。

海上救援者——
卡-32"蜗牛"C舰载直升机

卡-32直升机（北约绰号"蜗牛"C）是由苏联卡莫夫设计局研制的一种大型舰载直升机，主要用于执行警戒、搜索和救援任务。1981年初，卡-32首次在莫斯科的国家经济成就展览会展出，1981年末第一架原型机进行了吊装建筑物的飞行表演。卡-32直升机的最大飞行半径为800千米，飞行时间为2.5小时，一次能吊运5吨重的货物，搭载16名乘客。由于采用了双层对旋螺旋桨设计，卡-32直升机抗风能力较强，可抵御的最大风速达20节（10米/秒）。此外，卡-32直升机上还配备了GPS定位仪和救生设备。

卡-32直升机

卡-32旋翼直径15.90米，机长12.25米，机宽5.40米，主轮距3.50米，前轮轮距1.40米，前主轮距3.02米，起飞重量12600千克，最大速度260千米/小时，巡航速度230千米/小时，实用升限6000米，悬停高度3500米，航程800千米。

卡-32采用两副全铰接式共轴反转三片桨叶旋翼，桨叶可人工折叠。尾翼由水平安定面、两个端板式垂直安定面和方向舵组成。着陆装置为不可收放的四点式起落架。驾驶舱内有驾驶员和领航员。座舱内可安放货物或16个旅客座椅。动力装置两台TB3-117B涡轴发动机装在座舱上方的左右两侧，功率2×1660千瓦（2×2257轴马力）。

卡-32是以卡-27海军直升机为基础、专为消防设计研制的双发通用直升机。除水箱吊桶外，卡-32还可以进行水炮灭火、机侧发射消防弹灭火等。卡-32只有一套先进的飞行/导航航空电子系统，由一个数字信号处理器、一部类似于卡-27PS所配备的搜索雷达，以及与特定任务相配套的各种特殊设施组成。卡-32删减了卡-27空中预警设备和武器，腾出的空间用来补充燃油和各种民用设备，重量还是有所减轻，因而相应地增加了有效载荷。

第一架卡-32原型机注册编号CCCP-31000，机身采用非常耀眼的涂装方案，与1973年苏联民用航空总局的编队标准涂装完全不同，第一架原型机首次飞行是在1980年10月8日。1983年，卡-32完成了鉴定（取证）试验，鉴定周期持续了4年。

1983年和1985年，两名女飞行员在卡-32

卡-32 直升机

CCCP-31000 直升机上创造了多项爬升率和高度世界纪录，分别是：1983年5月11日，爬升到6000米用时4分46.5秒，保持平飞最大高度6552米；1983年5月12日，爬升到3000米用时2分11.1秒；1985年1月29日，1000千克负载下的最大高度7305米，2000千克负载下的最大高度6400米，保持平飞最大高度8125米，最大高度8250米。

卡-32具有良好的高温高原性能，非常适用于我国南方高海拔林区的航空消防。与其他直升机不同，卡-32具有共轴双旋翼，从而使直升机具有良好的操控性和悬停稳定性，无尾桨的设计使直升机的事故发生率降低了20%左右。据卡莫夫直升机中国总代理宜通集团提供的卡-32性能数据显示，最大载水量可达4.5吨，0.8米水深即可取水，只需71秒便能吸满水箱。卡-32不仅可以应用于森林航空消防，适应复杂地形和天气作业，还可以应用于城市消防、搜索救援、复杂高层建筑安装和海上作业等。卡-32已出口到世界10多个国家，包括西班牙、瑞士、加拿大、韩国、保加利亚等。

震撼世界的"狼人"——卡-50"黑鲨"攻击直升机

卡-50(绰号"黑鲨")是一种单座攻击直升机,使用卡莫夫设计局研发的同轴反转双旋翼系统。卡-50于 1977 年完成设计,原型机于 1982 年 7 月 27 日进行首次飞行,1984 年首次公布,1991 年开始交付使用,1992 年底获得初步作战能力,1995 年投入服役。

卡-50 是一款全天候、全天时、超低空攻击地面目标的武装直升机。其突出特点是设计了左右并列双座驾驶舱,而传统的武装直升机都是前后串列双座布局。这种并列双座的优点是两个飞行员可共用某些仪器仪表,使驾驶员能集中精力跟踪目标,能够在黑夜等各种气象条件下完成超低空突击任务。

卡-50 旋翼直径 14.5 米,机长 16.0 米,机高 5.4 米,短翼翼展 7.3 米,最大起飞重量 10800 千克,起

卡-50 直升机

飞重量7800千克，最大平飞速度350千米/小时，爬升率10米/秒，升限4000米，最大俯冲速度为390千米/小时，最大侧飞速度为182千米/小时，后退飞行速度为120千米/小时。其机载主要武器是"旋风"反坦克导弹，可携带16枚。此导弹既可用于空战，也可用于攻击海上导弹快艇。机载武器还有火箭弹、航炮和各种炸弹。先进的电子系统可保障其在15千米范围内发现并精确跟踪较小目标。

为提高生存能力，卡-50采用了红外抑制技术、红外诱饵撒布装置和装甲。据说卡-50比美国的"阿帕奇"要便宜得多。

据卡莫夫设计局证实，卡-50不是空战直升机，而是一种用于压制敌方地面火力的突击武装直升机，被选为俄罗斯下一代反坦克直升机。除能完成反坦克任务外，卡-50还可用来执行反舰/反潜、搜索和救援、电子侦察等任务，据称卡莫夫设计局还准备研制卡-50的双座教练型。美国国防部对"黑鲨"的评论中说，"黑鲨"具有明显的空中优势，目前西方还没有与之相匹敌的直升机。卡莫夫设计局正准备为"黑鲨"换装西方发动机、电子设备和武器，以打入西方市场。

卡-50设计成小型、轻快灵活且有强大生存力和攻击力的直升机，设计目标是最小最轻的范围内达到最快速度和敏捷性，它也是唯一单人操作的攻击直升机。卡莫夫设计局在苏联阿富汗战争结束后下了一个结论：未来的直升机必须自动做到低空飞行、捕捉目标、武器发射、导航等机械式动作；驾驶员无须介入这些操作，只需将精力花在任务内容的研判上。然而，这依然是个无解的问题，因为卡-50的许多驾驶员还是觉得在驾驶时的综合工作量不小。像其他卡莫夫设计局的直升机一样，"黑鲨"采用同轴反转双旋翼系统，可以免除后尾旋翼并提高特技飞行能力——可以完成拉机头向上绕圈、侧滚和"漏斗"（一种绕圈攻击，当机体对准目标轴线时可以一边改变高度、空速和仰角，一边绕圈攻击目标）等动作。

直升机旋翼尖端速度突破超声速后产生的各种问题一直是直升机极速的限制因素，使用同轴反转双旋翼意味着两个旋翼都能以较低速度运行且用较小的旋翼。因此，双旋翼可以使"黑鲨"最高速度超越美国AH-64。而免除尾旋翼也有许多好处：稳定用的尾旋翼会用掉30%引擎马力，且尾旋翼被攻击一直是直升机战损的主因（尤其在越南战争期间）；"黑鲨"的整体轮廓也较小，减低被击中概率。卡莫夫设计局保证其同轴旋翼被23毫米以下的武器打中后依然能运作。

卡-50是第一架像战斗机一样装有弹射座椅的直升机，加强了人员生存性，同时也增加了驾驶员心理上的作战意愿。当座椅下火箭点燃时，两组旋翼中央的小炸弹把所有旋翼炸断弹开，机舱罩也会弹开。第一架K-50原型机昵称为"狼人"，官方公布正式名称为"黑鲨"。在苏联解体大砍军费前，卡-50就幸运地进入全尺寸生产阶段，只是减少了建造数量。

2001年，最后一次车臣战争期间，一架卡-50首次参加实战，经常突然出现，用火箭弹摧毁目标后就撤。此时的车臣人手中没有便携式防空导弹，面对卡-50相当无力。

卡-50的另一项世界第一是单座布局。单座歼击机已经有半个多世纪的历史了，而在直升机领域，单座攻击直升机却是一桩新鲜事儿。可以说，只有一名驾驶员的卡-50的问世，掀开了直升机历史新的一页。世界上现有的攻击直升机大都是双飞行员：一个是直升机驾驶员；另一个是武器射击员。卡莫夫设计局的总设计师米赫耶夫认为，随着直升机机载电子设备自动化和智能化的提高，攻击直升机应同固定翼战斗机一样，由飞行员一个人担负驾驶和武器操纵双重任务。如果一个驾驶员能同时胜任驾驶和攻击任务，那么卡-50就会在与米-28的竞争中获胜。因此，卡

卡-50直升机

莫夫设计局从卡-50上马一开始，就采用单座攻击直升机方案。由于这种布局减去了射击员和所有的防护及救生设备，大幅度地减轻了机体重量，从而提高了攻击直升机的飞行性能。对卡-50的这一大胆设计，米里设计局同样也不认同。他们认为，攻击直升机完全由一个人操纵十分困难，卡-50恐怕有言过其实之嫌，况且单座攻击直升机会使飞行员的生理和心理负担过大，不利于在实战中稳定发挥。

卡-50还有一项世界第一就是弹射救生系统，它开创了直升机使用弹射救生系统的先河。由于旋翼的影响和飞行高度低，因此以往的直升机没有跳伞救生系统，主要救生措施是耐坠毁设计，通过起落架、机身、座椅的耐坠毁吸振能力来保全机组人员。一旦遇险，驾驶员没法像固定翼飞机驾驶员那样迅速弹出机舱外逃生，只好听天由命。耐坠毁措施虽然有不少成功的例子，但大都回天乏力。

为了提高救生能力，卡莫夫设计局敢为天下先，大胆采用了弹射救生系统。在研制过程中，卡莫夫设计局投入了大量的资金，花费了整整7年时间，研制成功了K-37驾驶员弹射救生系统。这套系统又称为自适应弹射座椅，主要是利用自适应控制技术、推力控制技术、高速稳定技术和高速气流防护技术，提高直升机遇险条件下的救生成功率，减少不必要的伤亡。该系统的主要部分是飞行员座椅，在飞行过程中，该座椅可以根据飞行员的需要对高度进行调整。当直升机遇险时，直升机座舱顶部舱门自动打开，两副旋翼上的6片桨叶脱离桨毂飞走，随即座舱盖脱开

卡-50 直升机

飞离座舱，旋翼与机身分离，座椅下的火箭系统将飞行员连同座椅一并弹出，在牵引发动机的作用下飞行员和座椅分离。降落伞系统能确保飞行员在弹射时空中刹车，保证下降和着陆时速不超过 7 米 / 秒。

作为俄罗斯研发的先进武装直升机，卡-50 独特的设计和强大的作战能力引起了国际军事界的广泛关注。卡-50 在国际防务展会和军事演习中频繁亮相，展示了其出色的性能和多功能性，赢得了许多国家的青睐。作为俄罗斯军工的明星产品，卡-50 已经成功出口到多个国家。一些国家在引进卡-50 武装直升机的同时，也进行了技术合作和改进，以适应本国的特殊需求和作战环境。这种技术合作有助于提升直升机的整体性能和战斗力，使其更好地服务于各国军队的实际需要。

一树之高"杀手"——卡-52"短吻鳄"武装直升机

卡-52（绰号"短吻鳄"）是世界上唯一的双旋翼武装直升机，是卡-50的改进型。它继承了卡-50的动力装置、侧翼、尾翼、起落架、武器和其他一些机上设备，列装俄军后不久就在叙利亚战场上立下战功，打击能力甚至超过苏-25攻击机，被称为俄军的"低空杀手"。

卡-52于20世纪90年代初开始研制，卡莫夫设计局原计划在1996年11月21日对卡-52进行首次飞行试验，但由于要参加12月印度班加罗尔航展，首飞时间被推迟到1996年12月。由于参加航展的首架样机安装的是法国汤姆逊公司生产的热像仪，因此卡莫夫设计局还需要研制国产热像仪。卡-52于1997年6月25日完成首飞，2008年10月29日投入小批量生产，2010年进入全面生产，开始装备俄罗斯空军的一线部队。

卡-52旋翼直径14.50米，机长15.96米，最大起飞重量11400千克，最大平飞速度310千米/小时，侧飞速度80千米/小时，倒飞速度90千米/小时，无地

卡-52直升机

效悬停升限 3600 米，高度 2500 米时最大垂直爬升率 8 米/秒，转场飞行距离 1200 千米，挂载武器后最大续航时间 3～3.5 小时，最大使用过载 3g。

卡-52 的主要任务是：对战场实施空中侦察，使突击直升机群能更隐蔽地采取突袭行动，大大降低突袭风险；攻击和消灭敌方坦克、装甲车及地面机械化部队；同敌人的低速空中目标作战。卡-52 被称为 "智能" 型直升机，具有最新的自动目标指示仪和独特的高度程序，能为战斗直升机群进行目标分配，可用于飞行员训练。由于两名乘员座位并排且有自己的操纵装置，因此飞行训练和战斗训练十分方便。虽然卡-52 是专门为陆军航空兵研制的直升机，但在必要时，它也可在舰艇甲板安全着舰。

卡-52 和卡-50 之间的零部件有 80% 是通用的，因此明显地减少了卡-52 的设计与制造问题。例如，卡-52 采用的是卡-50 的飞行员弹射座椅系统，唯一的区别是卡-52 的弹射座椅系统能使两个座椅同时弹射。驾驶舱结构部件和设备增加的重量可通过减少驾驶舱装甲和携带的弹药量来均衡（卡-50 携带 500 发炮弹，卡-52 只携带 280 发）。然而，卡-52 的正常起飞重量仍比卡-50 重 600 千克，这使卡-52 的性能有所下降。例如，悬停升限比卡-50 下降了 400 米；在 2500 米高度的爬升率降到 8 米/秒；极限使用过载减少到 3g。不过以下几项性能没有改变：最大速度 310 千米/小时，航程 460 千米，转场航程 1200 千米。

卡-52 安装了 FH-01 雷达，使其具有夜间和全天候能力（原型机上只装了雷达的实体模型）。该雷达工作在毫米波段和厘米波段,其中:毫米波雷达的天线装在机头内,用于导航、探测小型地面目标(如坦克)并控制半主动雷达制导的空地导弹,还能测绘三维地形图,并显示在驾驶舱中的显示器上;厘米波雷达的天线安装在旋翼上方的直径约为60厘米的扁圆形整流罩内,提供全方位观察。

火控系统方面,战斗型卡–52采用带有"转子"的观瞄子系统。这个子系统安装在机头内,包含有昼夜目标观察和自动目标跟踪的电视与前视红外传感器、激光测距机/目标指示器,以及"龙卷风"导弹用的激光制导系统。它与卡–50安装的"风雪"系统相类似,差别是它有前视红外和广角搜索装置(方位角范围为 ±110°)。

电子设备方面,卡–52与卡–50一样,装有惯性导航系统、短距无线电导航系统、DISS–32–28多普勒速度与漂移计、ARK–22无线电罗盘和A–036无线电测高仪。

动力装置方面,卡–52与卡–50一样,装有2台1641千瓦的TV3–117VMA涡轴发动机。

机载武器方面,卡–52能携带卡–50所用的所有

卡–52直升机

武器。卡-52的典型武器有挂在内侧挂架上的2个UPP-800发射器，每个发射器装6枚"龙卷风"导弹；外侧挂架上的2个B-8V-20发射器，每个发射器装10枚80毫米无控火箭。在执行空战任务时，卡-52将携带"萨姆"-16红外寻的导弹。此外，卡-52还可携带Kh-25ML激光制导空地导弹和Kh-25MP反辐射导弹。

卡-52与卡-50的不同之处在于它采用了并列式双座驾驶舱，大大扩展了直升机的功能。副驾驶员可保障实施侦察或电子对抗、搜索和识别远距离目标，能在任何天气条件下和任何时间指示目标，并区分目标，协调与地面部队及攻击机的行动，以及执行其他任务。这充分保证卡-52能够在昼夜和各种气象条件下完成超低空对地面目标进行突击的需要。

卡-52不仅具有与卡-50相同的武器装备、低空飞行能力、装甲防护能力，可进行空战和对地攻击，而且还具有优良的侦察、指挥和控制等功能，可为卡-50提供类似空中预警指挥机的作用。当然，卡-52也存在不少缺陷。首先，共轴双旋翼设计一直被外界诟病，尽管这一设计提升了卡-52的机动灵活性，但是在一定程度上牺牲了飞机自身的安全性，不仅容易发生螺旋桨桨叶缠绕、旋翼变形、上下挥舞幅度变大等问题，而且在大角度转弯或上升时，容易发生机动性不足或因噪声过大而被敌方发现的问题。其次，卡-52"首创"的可供2名飞行员使用的弹射座椅，至今未有飞行员能在卡-52坠机事故中成功逃生，这种弹射座椅的可用性尚待观察。再次，如何克服并列双座布局导致的 2 名飞行员分工不明确、观察死角大等问题，也是卡-52 需要解决的一大难题。

为了对抗"阿帕奇"，从 2003 年起，卡-52 在旋翼轴心顶部加装了"弩"式雷达。该雷达是一种双频相干脉冲雷达，具有对地和对空作战两种模式，其中：对于坦克的最大探测距离可达 12 千米；对空中目标最大探测距离可达 15 千米，能够同时跟踪 20 个目标。在 2003 年的莫斯科航展上，装备"弩"式雷达的卡-52 被公开展示。此后经过国家验收试飞，俄罗斯政府于 2008 年 12 月 26 日正式订购卡-52。在赢得了国防订货后，卡莫夫设计局决定将卡-52 发展成海军型卡-52K，部署在从法国引进的"西北风"级两栖攻击舰上。2009 年 11 月，法国"西北风"号两栖攻击舰访问圣彼得堡期间，卡-52 在该舰上成功进行了起降试验。2011 年 8 月 31 日，一架进行了海洋环境适应性改装的卡-52 在巴伦支海成功地在"库拉科夫海军上将"号大型反潜舰上进行了起降试验，因此该机也被认为是卡-52K 的初样机。俄罗斯在 2016 年 3 月向叙利亚调遣了卡-52 和米-28N 武装直升机，主要部署在赫梅米姆空军基地。3 架卡-52 参与了 2016 年 3—4 月叙军解放巴尔米拉和盖尔耶泰因的战役，为叙军提供了有力的支持。

卡-52 在 2022 年爆发的俄乌战争的表现可谓经历了两极变化。在战争前期，卡-52 连遭损失，以致被一些军事专家一致贬低；而当乌军自 2023 年 6 月发起的反攻被俄军阻滞后，"短吻鳄"因其优异表现被赞为俄军战术体系的重要组成部分。

俄国"黑鹰"——
卡-60"逆戟鲸"多用途直升机

卡-60（北约绰号"逆戟鲸"）是由卡莫夫设计局研制的一种新型全天候多用途军用直升机，可用于执行战场侦察、对地火力支援及运送兵员等任务。卡-60于20世纪80年代初开始研制，1998年制成第一架样机，同年12月10日，在莫斯科郊外的柳别尔茨试飞场成功地进行了卡-60的首飞，被称为俄国"黑鹰"。卡-60的主要型号有侦察型、攻击型、运输型和救护型。

（1）卡-60侦察型。机上装有陀螺稳定侦察／目标指示器、自动化数据处理及传输设备等，能在复杂地形上空对敌方的地面装甲目标进行远距离侦察、搜索、识别和跟踪，通过数字式数据传输线路将侦察到

卡-60直升机

的目标信息传输给己方的战斗直升机,引导它们实施攻击。

(2)卡-60攻击型。 机上装有两挺7.62毫米或12.7毫米口径机枪,机身两侧各带一个B-8V-7型无制导火箭弹发射器,可搭载空空导弹,用于同敌方的武装直升机进行空战。

(3)卡-60运输型。 机舱内可容纳16名全副武装的士兵或2吨物资。

(4)卡-60救护型。 机舱内有6副担架,可运载6名伤病人员,还可随机搭载3名医务人员和14名坐着的伤病员。

除上述型号外,卡-60还有舰载型、教练型和民用型。

特别值得一提的是,卡莫夫设计局一改研制共轴式双旋翼直升机的传统和特长,在卡-60上采用单旋翼带尾桨布局,首次在直升机上采用涵道尾桨技术,即在垂直安定面内装有带11片桨叶的涵道尾桨。与普通尾桨相比,涵道尾桨安全性好,能避免直升机在起飞、降落和低空飞行时,尾桨与地面障碍物相撞,且飞行阻力小,有利于提高直升机的飞行速度,从而满足了军方对新直升机提出的重量适中、速度快的要求。卡-60的起飞重量为6.5吨,介于中型直升机与轻型直升机之间,填补了俄罗斯直升机目前所缺乏的机型空白。

卡-60装有自动导航仪、雷达和夜视系统,以及激光告警和红外干扰机等设备,可保证直升机在任何气象条件下昼夜飞行。驾驶舱内有两把并排的飞行员座椅、2套操纵机构，分别由2名驾驶员独立操纵。卡-60采用可收放式后三点起落架，该起落架装有吸能性能好的减振支柱，在紧急情况下撞击地面时可吸收大部分撞击能量，从而保障飞行员的安全。

卡-60安装两台由俄罗斯雷宾斯克发动机股份公司研制的Rd-600V涡轴发动机。该发动机于1989年开始研制，研制过程中吸取了近年来直升机发动机制造业最新技术，其使用寿命达到10000小时。Rd-600V发动机单台功率为1300轴马力，最大功率为1550轴马力，耗油率为225克/马力小时，卡-60的最大飞行速度300千米/小时，静升限2100米，在6000米高度以巡航速度飞行时的航程可达600千米。

卡-60采用模块化结构、内装式中间减速器、先进的故障监控和诊断系统以及数字式电子控制系统，完全可以根据发动机的技术状态进行使用。发动机和减速器可以确保直升机在超过最大起飞重量20%～25%的情况下飞行，而且其减速器还可在没有润滑油时继续工作，发动机如发生故障，可以在常驻机场用更换模块的方法排除故障，而无须将整台发动机运往修理厂，这就节省了大量的运输时间和费用开支。

卡-60直升机

卡-60机体有60%采用了复合材料。首架卡-60样机旋翼使用4片由复合材料制成的桨叶，桨叶前缘还采用了防止腐蚀和磨损的防护材料。批量生产后的卡-60旋翼使用5片可降低噪声的桨叶，降低噪声的途径是通过优化旋翼的旋转频率。卡-60机载系统均采用了余度技术，油箱内部使用了聚氨酯防爆材料，传动系统和旋翼桨叶可以经受住12.7毫米子弹的攻击，而且旋翼桨叶在受到23毫米炮弹的打击后仍可继续工作。

卡-60为正副驾驶员安装了2套相同的操纵系统，可用于新驾驶员的初级训练和熟悉驾驶技术。起落架支柱的备用减振器和减振座椅可确保直升机低空坠地时驾驶员和乘员的安全。机身和机载设备的结构强度也可确保直升机坠地时机组人员的安全，即使其出现变形，机组人员也不会受到伤害。卡-60的旋翼桨叶和发动机进气道均安装有电加温除冰系统，发动机进气道还有防尘装置。

卡-60可以全天候遂行作战任务。该机装有由俄罗斯"稳相加速器"科学生产联合公司研制的"弩"式机载雷达系统。驾驶员配备有与机载设备兼容的夜视镜。此外，卡-60还在降低红外辐射、光学隐身和减小雷达反射面积方面采取了措施。为防止直升机坠毁时失火，卡-60上装有抗坠毁油箱。机身两侧都设有专用的应急出口。

卡-60内部有效载荷为2吨，外部有效载荷为3吨，最大起飞重量6.5吨，可以运载一个班的士兵。两侧货舱门为滑动式，面积为1250毫米×1300毫米，可使9名伞兵在6秒内完成空降。

按照战场救护方案设计的卡-60，可运载6名躺在担架上的伤病员和3名随行医务人员或者14名坐着的伤病员。在搜索救援型卡-60上安装有一盏搜索探照灯和一台LPG-300型绞车。该绞车可同时将2名士兵或300千克重的货物从地面送入直升机货舱。当在水面执行任务时，卡-60还可安装充气浮囊。

除可执行军用运输任务以外，卡-60还能执行侦察、目标指示和协调武装直升机作战行动的任务。为此，卡莫夫设计局在卡-60基础上研制了卡-60R侦察直升机。该机安装了由俄罗斯叶卡捷琳堡光学机械制造厂研制的"黄杨"型具有陀螺稳定性能的电视、红外和激光侦察装置，以及由"电自动装置"设计局研制的战术情报和电视编码加密交换自动处理系统。

俄罗斯空军尤利·克利申中将认为，在研制卡-60过程中，卡莫夫设计局所采取的完全使用国内航空设备研制直升机的策略，应该在以后研制其他航空装备中得到提倡。总设计师谢尔盖·米赫耶夫称："卡-60可以被称为是21世纪的直升机，它完全可以在陆军航空兵中占得一席之地。卡-60与国外最优秀的直升机相比具有无可比拟的优势。这些优势已经全部融入卡-60的设计中。"卡-60不仅是发展军用直升机的原型机种，也是发展民用直升机的原型机种。卡莫夫设计局在卡-60基础上研制卡-62民用型直升机，还计划打造总统乘坐的直升机。

玉汝于成——米-4"猎犬"运输直升机

米-4（北约绰号"猎犬"）是由苏联米里设计局研发的一种多用途直升机，也是苏军的第一代军用直升机。1951年，苏联领导人斯大林召见航空设计师，要求研制一种12座的运输直升机供部队使用。米里设计局接到任务后，日夜奋战，仅用一年时间就研制出部队急需的米-4，1952年8月试飞，1953年投产，1969年停产，共生产约3500架。米-4的诞生成为苏式直升机崛起的重要标志。

米-4直升机

米-4采用1台活塞-7气冷星形14缸发动机，功率1770马力。米-4机长20.02米，机高4.4米，旋翼直径21米，尾桨直径3.6米，空重5.121吨，最大起飞重7.6吨，巡航时速160千米/小时，最大时速210千米/小时，转场航程520千米，实用升限2500米，最大爬升率4.3米/秒。起落架为固定四点式，前起落架横向轮距 1.53 米，主起落架轮距 3.82 米、前主轮距 3.79 米。发动机舱位于机头，通过传动轴驱动机舱顶部的主旋翼和尾部的尾桨。驾驶舱位于机头前上部，两人机组，两人均可独立完成飞行操纵。机舱体积达 16 立方米，一个侧舱门，一个后舱门。一次可运载 11 名士兵，可装载 1.5 吨货物，吊运时可运载 1.35 吨。米–4 主要型号如下。

（1）米–4 基本军用型。可载 14 名士兵或 1600 千克货物，如吉普车或 76 毫米反坦克炮等。该型在机身下面有领航员吊舱，机身后部有两扇蛤蜊壳式货舱门。

（2）米–4 近距支援型。在吊舱前方装有机炮和空地火箭。

（3）米–4 反潜型。在机头下装有搜索雷达，机身后部装有拖曳式磁异探测器。机身两侧和主起落架前均装有照明灯、声呐浮标。

（4）米–4 电子对抗型。座舱前后两侧装有许多通信干扰天线。

（5）米–4 旅客型。座舱可容纳 8～11 名旅客和 100 千克行李。舱内有通风、加温、隔音设备。客舱门位于机身左侧后部。座舱后部有厕所、存衣室和行李舱。

（6）米–4n 型。采用方形舷窗，机身下部设有吊舱，机轮带有整流罩。用于伤病员救护时，座舱内可载 8 副担架和 1 名医务人员。

（7）米–4C 农用型。座舱内装有可容纳 1000 千克药粉或 1600 升药液的化学容器。机身部有喷洒农药的装置。喷洒范围：在前飞速度为 60 千米/小时，

现存于中国航空博物馆的 3889 号直-5 直升机

宽度为 48～80 米，喷洒速度为 18 升/秒（药液）或 20 千克/秒（药粉）。

1965 年春天，装有二速增压器和全金属旋翼的米-4 进行了一系列高空试飞，当飞机在 4650 米高度上使用二速增压器时，可上升到 8000 米高度。

中国自 1955 年 4 月起，开始批量引进米-4 直升机。1956 年 10 月，中国与苏联签订了许可证生产米-4 直升机的技术合同，代号为"旋风"-25 型，后改称直-5。直-5 直升机在保留米-4 机体结构和主要作战性能的基础上，做了一些改进。直-5 是中国生产的第一种多用途直升机，有客运、农林、航测、水上救生等多种改型，可在昼夜复杂气象条件下飞行，实现了中国直升机工业零的起步。直-5 从 1963 年定型转入批量生产，到 1979 年停止生产，共生产了 545 架，是当时中国空军的主力直升机型。1966 年 3 月，周恩来总理视察邢台地震灾区乘坐的就是 3889 号直-5 直升机。

曾经的王者——
米-6"吊钩"运输直升机

米-6（北约绰号"吊钩"）是苏联米里设计局设计的单旋翼带尾桨式重型运输直升机。该机于1954年开始研制，1957年试飞，同年秋季公开展出。米-6是当时世界上最大的直升机，生产了800多架，1991年停产。

米-6旋翼直径35米，尾桨直径6.3米，机长41.74米，机高9.86米，短翼翼展15.3米，主轮距7.5米，前主轮距9.09米，空重27240千克，最大内部载荷12000千克，最大外挂载荷8000千克，舱内燃油重量6315千克，总燃油重量9805千克，最大平飞速度300千米/小时，最大巡航速度250千米/小时，实用升限4500米，航程620千米，转场航程1450千米。

米-6主要改型有：米-6"吊钩"A基本运输型；米-6"吊钩"B指挥支援型，装背部绳状天线；米-6"吊钩"C改进的指挥支援型，尾梁前装有大型背部刀形天线。

米-6创造的14项国际航空协会承认的E1级纪录中，一直维持到1983年年中的纪录有：1964年8月26日鲍利斯·卡里斯基驾驶米-6创造约100千米闭合航线的340.15千米/小时的速度纪录；1962年9月15日由同一驾驶员和机组人员创造的携带1000千克和2000千克载荷，以330.377千米/小时速度飞行1000千米航线的速度纪录；1962年9月11日由瓦西里·克洛琴柯和 4 名机组人员驾驶米 –6 创造的携带 5000 千克载荷，以 284.354 千米 / 小时平均速度飞行 1000 千米闭合航线的纪录。

米 –6 旋翼系统有 5 片桨叶，每片桨叶由变截面和钢管梁及金属的翼型剖面的分段件铰接而成。桨叶具有水平铰、垂直铰及固定调整片。旋翼轴前倾 5°（相对铅垂线）。操纵系统有液压阻力机构，通过一个大的焊接的倾斜器操纵旋翼。旋翼桨叶都装有电加热防冰系统。尾桨有 4 片金属桨叶，位于尾斜梁右侧。尾斜梁起垂直尾面的作用。平尾位于尾梁后部，其安装角可调。短翼机身上装有悬臂式短翼，位于主起落架撑杆上方。前飞时，短翼可使旋翼卸载达总升力的 20%。在执行消防和起重任务时，短翼可以拆除。

米 –6 用作客运时，在座舱中央增设附加座椅，可运载 65 ～ 90 名旅客，携带的货物及行李放置在座

米 –6 直升机

舱的走道上。用作救护时，可运载 41 副担架和两名医护人员，医护人员坐在可折叠的座椅上，其中一个位置有与驾驶员通话的机内通话装置。机上备有轻便的氧气设备供伤病员使用。用作消防时，座舱内部装有盛灭火溶液的容器。灭火液通过喷雾器喷出或从机身腹部放出。

1957 年米 –6 完成首飞，因为部队急需重型直升机，所以苏联政府决定批量生产。1959 年夏，米 –6 正式进入国家试验，第一架换装最新 D–25V 发动机的米 –6 首次在工厂亮相。1960 年，米 –6 进行了外挂载荷试验，次年又完成了自转下滑着陆试验。1962 年 12 月，国家试验的最后阶段顺利结束。试验的同时，在罗斯托夫直升机厂进行了批量生产。量产型米 –6 与原型机有较多不同。例如，导航员座舱的棕色圆形玻璃窗被光学性能更佳的平面玻璃所取代，以消除可能会干扰导航员的反光。在机头加装了一挺口径为 12.77 毫米的机枪，以便导航员在部队发起空降突击之前清空停机坪周边敌人的火力。

米 –6 直升机

俄罗斯空军率先接收了批量生产的米 –6，开始交付至前线作战的空军航空兵独立直升机团。收到这些新直升机后，军方开始对机队进行混编，如两个米 –6 中队

（每队 12 架机）搭配两个米-4 中队（每队 20 架机），后来还增加了米-8 中队，这些直升机团被划归到各大军区和部队中。直升机中队主要依靠基本运输型米-6 和空中突击型米-6 来达到完全作战能力，但其中还包括部分用于运输核弹头、执行搜索救援任务和外部吊挂作业的机型。此外，各种运输车和直升机空中指挥站也划归各个独立的直升机中队和混编机队团，为军区司令部、地面部队和空军提供支援。运输型米-6 特遣队则被分配到海军直升机混编团。

　　米-6 运输能力超强，大大提高了空中突击和运输任务的完成效率，在苏联与国外空军的对抗中，发挥了不可替代的作用。1967 年，越南空军开始使用米-6，在为战斗机掩护的任务中被证明是十分有效的。例如，在美军空袭中，米-6 就已经利用外吊挂将战斗机分散藏到掩体内，在危险解除后，战斗机再陆续回到机场。1968 年，在捷克斯洛伐克特殊局势下，苏军空中突击部队首次登陆就是通过米-6 完成的。1980 年，在苏联往阿富汗派兵伊始，重型直升机也随之驻扎，其中：280 独立直升机团的米-6 驻扎在坎大哈；181 独立直升机团的米-6 驻扎在昆都士；1 个独立直升机中队的米-6 用来支援在阿富汗的苏联陆军。这些直升机运送伤员、武器、弹药、燃料、食品和药品，或转移受损飞行器，证明了其在山区执行任务时有良好的安全性和生存性。1995 年，车臣战争是米-6 参加的最后一场战争，军方派出 4 架米-6 用于运输和转移受损的米-24。此外，米-6 还在 20 世纪末参加过高加索地区的武装冲突。

空中 AK-47——
米-8"河马"运输直升机

米-8（北约绰号"河马"）是苏联米里设计局研制、喀山直升机厂生产的中型直升机。除了担负运输任务以外，该机还能够加装武器进行火力支援。

米-8设计之时，世界直升机已经由第一代向第二代发展。1958年，苏联政府通过了研制V-8直升机的决定。同年，米里设计局制订出V-8的设计方案并获得了苏联空军的支持，此后开始全面设计。1960年5月，苏联政府决定在研制单发V-8直升机的同时，研制双发V-8A。

最初的单发V-8原型机的机身与主要零部件均在苏联第23厂生产，然后在第329厂总装。1961年夏第一架V-8原型机完成了总装，同年6月24日完成首飞，并在同年12月开始进行国家级试验。第二架原型机只是作为地面试验机，没有进行试飞。1962年9月17日，装有4桨叶旋翼系统的双发V-8A试飞。1964年，V-8A开始换装5片桨叶的旋翼系统，并于1965年8月2日开始试飞。投产后的V-8A直升机正式改称为米-8。

米-8空重7260千克，最大起飞重量12000千克，乘员3人，最大速度260千米/小时，机长18.17米，最大航程450千米，机高5.65米，最大升限4500米，旋翼直径21.29米，爬升率8米/秒。

米-8是一种通用型运输直升机，也是世界上产量最大的直升机。米-8最大的特点就是没有特点，因此可以进行各种改装，适用于各种不同场合。在之后的40多年里，米-8发展了多种型号，主要分为民用型、军用型、军民通用型和试验验证型。截至2009年，米-8系列一共生产了1.2万架以上，被称为"空中AK-47"。在俄罗斯，米-8系列直升机大部分在陆军航空兵和空军服役，少数在民航服役。出口方面，有1000余架米-8出口到80多个国家，是世界上使用最广泛的军民通用直升机。

米-8采用了第二代直升机的一些新技术，使其寿命大大延长。其机身结构为传统的全金属截面半硬壳短舱加尾梁式结构，分为前机身、中机身、尾梁和带固定平尾的尾斜梁，主要材料为铝合金，尾部采用

米-8直升机

钛合金和高强度钢。机身前部为驾驶舱。驾驶舱可容纳正、副驾驶员和随机机械师。驾驶舱每侧都有可向后滑动的大舱门，风挡装有电加温的硅酸盐玻璃，顶棚上还有检查发动机的舱口。

米-8客运型座舱内设有28副可折叠座椅，每排座椅间距72～75厘米，中间过道宽32厘米，并设有存衣室和行李舱，在没有存衣室的情况下可装23个座椅。米-8通用型座舱内沿侧壁装有24个折叠座椅，地板上有系留环。座舱内装有承载能力为200千克的绞车和滑轮组，以装卸货物和车辆。座舱外部装

米-8"游隼"直升机

有吊挂系统，可以用来运输大型货物。机身两侧装有2个外挂油箱，右侧外挂油箱整流罩向前延伸，以放置座舱和空调设备。

苏联与阿富汗的战争充分证明了武装直升机对于陆军作战的重要性。米-8与米-24组成的机降编队，机动灵活、火力强大，能适应高温高海拔的作战环境；米-8常常将部队空降到地形险恶、阿富汗重点防守的据点附近，同时为部队提供火力掩护。这种垂直机动战术可以使部队无须翻越阿富汗崎岖的山岭，来得突然、打得猛、走得快。当然，"米-8"大量出动，必然有一定的损失，估计有超过100架米-8在阿富汗被击毁。在20世纪90年代的两次车臣战争中，米-8的一些老型号服役时间已经很长，同时俄罗斯经济恶化，这些飞机得不到充分维修保养，作战时经常遇到机械事故。

进入21世纪，俄罗斯军方和米里设计局清醒地认识到米-8系列存在的问题。例如，米-8能在高温高海拔地区使用，但仍需进一步改进高原性能；面对现代地空火力显得力不从心，同时电子设备落后，在复杂的现代战场上缺乏足够的探测、通信和电子战能力。为此，米里设计局在各种改型上不断增加防护措施和先进设备，尽量提高米-8系列的生存能力，并积极发展米-8后继型号。2020年，老将米-8华丽变身，俄罗斯特种部队获得真正的独一无二的"空中坦克"——米-8AMTSh-VN武装直升机。这型改装版的米-8被称为"游隼"，研发工作始于2018年5月，是专门为特种部队创新研发的一型直升机。

在"游隼"之前,俄罗斯装备的米–24、米–35的防护能力都很强,特别是米–24"雌鹿"也曾有"空中坦克"的称号,生存能力强。"游隼"是世界上第一型在原有直升机基础上进行改装的"空中坦克",主要担负对地火力支援、开辟前进通道的任务,同时也担负一定的运输兵力的任务。"游隼"可以携带4枚"竞技神"超远程导弹、8枚超声速"阿塔克"导弹或2吨航空炸弹,可摧毁20千米以内的海陆空目标,并可以全天候作战。另外,"游隼"的运输舱还将安装易拆卸的装甲,可防御轻武器的攻击,只能保护驾驶员、后机枪支架和重要系统。"游隼"装备的"竞技神"超远程导弹是一款比较成熟的导弹,在2004年就已经完成测试,并投入生产。它可以从空中、陆地和海上平台发射,能摧毁方圆100千米以内的多种目标。其中,射程为15～18千米的"竞技神"A型导弹,计划也装备在"游隼"直升机上。

空中吊车——
米-10"哈克"起重直升机

米-10（北约绰号"哈克"）是米里设计局研制的重型起重直升机，由米-6发展而来。米-10有两种型号："哈克"A（米-10或V-10）和"哈克"B（米-10K）。

米-6的成功应用大幅缩短了各种建筑和安装工作所需的时间，从而产生了极大的经济效益。利用直升机作为"飞行起重机"的想法在苏联引起了极大的兴趣。因此，米里设计局认为在米-6的基础上，研制生产一种专门用于起重的直升机将会有更加美好的前景。此外，这种直升机使用起来将会更快、更经济；采用可靠性已经通过实践验证的部件将大幅提升直升机的可行性，简化的设计与研制程序可以使研制出来的直升机能够快速投入使用。在这种背景下，诞生了"飞行吊车"——米-10。

米-10直升机

米-10直升机

1958年2月20日，根据部长会议颁布的指令，米-10直升机的研制工作正式开始。根据该指令，将研制出一种专门用于起重的直升机，采用悬吊装置运送货物。根据最初的设计方案，这种直升机能够把12吨的载荷运送250千米的距离，或者短距离运送15吨的载荷。米-10的研制工作是在副总设计师鲁萨诺维奇的主持下进行的，与米-6的研制工作同时进行。随着米-10研制工作量的增加，任命巴布什金担任项目总工程师，专门负责米-10的研制工作。在研制过程中，设计工作与研究工作同时进行，包括缩比模型的风洞测试。

1960年米-10首架原型机开始试飞，1961年第二架原型机在土希诺机场举行的航空节上首次公开展出。米-10和米-6在座舱窗口线上部几乎是相同的，但米-10机身的高度明显降低，尾梁下沉，下表面一直延伸到尾部，形成整体平坦设计。米-10没有米-6那种固定短翼，米-10与米-6之间可以互换的部件包括动力装置、传动系统及其减速器、自动倾斜器、旋翼、尾桨、操纵系统和大部分设备等。在3000米高度和海平面标准大气压40℃条件下，发动机功率保持不变，用一台发动机可保持水平飞行。全部导航设备和自动驾驶仪均可全天候工作。

米-10旋翼直径35米，尾桨直径6.3米，旋翼尾桨中心距21.24米，机长41.89米，机高7.8米，前主轮距8.74米，空重24680千克，最大燃油重量8670千克，最大吊挂载重8000千克，最大平飞速度200千米/小时，巡航速度50千米/小时，实用升限3000米，转场航程795千米。

米-10采用高的长行程四点式起落架，主轮距有5米，满载时机身下表面离地高度达3.75米，可以使直升机滑行至所携带的货物上面，便于运送庞大的货物，如建筑物的预制件。机身下面可装轮式载货平台，平台由液压夹具固定，液压夹具可在座舱内或用手提控制台操纵。如果不用载货平台，那么用液压夹具可起吊20米×10米×3.1米的货物。座舱内可装载附加货物或旅客。闭路电视系统带有可从机身后部下面向前扫描和通过吊挂舱口向下扫描的摄像机，可用来观察货物和起落架，以便参考接地。

从设计意图上，米-10用于国内经济建设和武装部队。军方的需求在很大程度上影响了米-10的结构设计。最重要的是，米-10要有一个足够大的货舱，用于装载货物和运送人员。此外，它还要有一套供暖系统，为外挂的"特殊货物"加热。为此，货舱要装载28名人员或者3吨重的货物。为确保起落架的所有轮子同时离地，消除起飞和着陆时机身倾斜的可能性，相对于直升机驾驶舱、中心机身、动力装置和主减速器（包括旋翼轴）在设计上与右舷保持1°30′的倾斜。相对于机身水平线，驾驶员座舱向上呈4°15′的倾斜，以确保驾驶舱在巡航飞行时保持水平状态。

在米-10的设计过程中，军方提出了一项新的需求，要求米-10必须能够运送巡航导弹和弹道导弹。米-10要把这种"特殊货物"装载在直升机上，就需要配备特殊装载设备。一种仿效锯木厂木材搬运卡车或大型海港集装箱货舱设计的独特"长腿"起落架直升机就这样问世了。在缓冲支柱全部伸出的情况下，直升机离地净高3.75米，轮间距超过6米，轴距超过8米。

从达到最大载重的角度来看，米-10采用米-6的动力装置不是最佳的解决方案。米-10庞大而又沉重的机身和巨大的起落架进一步增加了机身的重量。鉴于美国的设计人员能够成功地将S-60直升机载荷在S-56的基础上增加了25%，设计人员希望将米-10的载荷能够在米-6的基础上增加20%。米-10的独特设计可能会产生所谓"地面共振"的危险，好在设计人员成功地解决了这个极为复杂的问题。

米-10主要用于苏联空军和民航，截至20世纪70年代末交付了80多架。1971年米-10曾暂时停产，1977年又恢复小批量生产，到1986年末，苏联至少还有14架米-10在使用。

空中巨兽——
米-12"信鸽"重型直升机

米-12（北约绰号"信鸽"）是人类历史上建造的最大、最重的直升机，是苏联时代极具"暴力美学"的代表武器之一。该机由苏联米里设计局从1965年开始研制，1968年首飞，共制造两架原型机。早期设计师为米里，米里去世后由李森科负责。后来，由于研制工作不顺利，但涡轴发动机取得较大进展，使超大型直升机采用常规布局成为可能。于是，米里设计局放弃了"信鸽"的研制，转而研制米-26，米-12项目正式下马。目前还有一架米-12原型机保存在俄罗斯中央空军博物馆。

米-12直升机

1965年4月，苏联部长会议签署指令，要求进行米-12首架原型机的制造。之后，萨拉托夫飞机厂开始准备为苏联部队制造首批5架米-12。1966年，苏联国家委员会通过了最后审批，首架原型机的制造正式开始。米-12首架原型机制造完成之后，随即进行试验以确定其振动频率。将直升机悬挂在减振绳索上，在旋翼轴套上安装激振器。所有试验都在夜间进行，白天用于处理采集到的相关数据。

1967年12月，米-12开始进行飞行试验。其中，工厂飞行试验足足用了一个月的时间。1968年，米-12进入联合国家飞行试验。1970年，米-12完成了莫斯科往返阿赫图宾斯克的长途飞行，标志着联合国家试验第一阶段的结束。

1969年2月22日，携带31吨有效载荷的米-12飞到2350米的高度，创造了有效载荷和高度新的世界纪录。同年8月6日，携带40.2吨有效载荷的米-12飞到了2250米的高度，这一纪录仍未被打破。米-12共创下了7项世界纪录。米里设计局因米-12研制中取得的突出成绩而获得美国直升机协会颁发的西科斯基奖。

1970年10月底，苏联国家委员会批准米-12进入批量生产。1971年，米-12在巴黎布尔歇举办的第29届航展上成功展出，被誉为"航展上的明星"。米-12尺寸几乎是美国最重直升机CH-53和CH-47的两倍，而重量则是其4倍。米-12采用并列双旋翼布局，配备两个5叶旋翼，使用4台D25VF涡轴发动机，单台功率4125千瓦，直升机机翼为反梯形，翼梢比翼根宽，起落架为前三点式，机组 6 人。

1972 年，第二架米 -12 样机完成制造。1973 年 3 月 28 日，该样机完成首飞。首飞后第二天，被运往机场继续进行国家试验。第二架样机与第一架样机相比，增强了操纵杆的刚度和后机身支柱的强度。第一架原型机被永久保存在设计局，第二架捐给了苏联中央空军博物馆。

为便于维护动力装置和桨毂，米 -12 发动机的整流罩侧板可向下打开，发动机下部整流罩可用手摇把放低 1.8 米，成为可容纳 3 人的维护平台。圆柱形的

米－12 直升机

外部油箱安装在座舱两侧。机身全金属半硬壳式结构，后部有蛤蜊壳式货舱门及装卸跳板。跳板下有两个减振垫。尾部采用全金属结构，包括中央主垂尾和方向舵、小的背鳍水平尾面、端板式辅助垂直尾面等。

米-12座舱前部有驾驶舱，舱内并排安置正、副驾驶员座椅，正驾驶座位在左，副驾驶座位在右。正驾驶员后面为随机机械师，副驾驶员后面为电气技师。驾驶舱上面是领航舱，领航员和报务员前后排列。驾驶舱和领航员舱前面的风挡玻璃装有雨刷。舱内有橡皮叶片的冷却风扇。座舱内沿侧壁约有50副向上折叠的座椅，供押运货物的人员和士兵乘坐。货舱内畅通无阻，装有电动平台式起重机，可沿货舱顶部的轨道移动。起重机有4个起吊点，每个起吊点可吊起2500千克货物，若4个起吊点同时起吊则可吊起10000千克货物。

米-12虽然具有独一无二的特性，但并没有批量生产和服役。米-12的研发目的是战略弹道导弹的移动布点，但20世纪60年代末军方需求发生了变化，更改了导弹布点的设计理念。当时，苏联正致力于研制和建立高轨道太空监视系统。借助于光学设备，该系统能够监测到弹道导弹发射时导弹推进器在飞行加速段发出的辐射，达到监视和跟踪弹道导弹发射的飞行目的。20世纪60年代末，苏联不仅开始建立导弹预警系统，而且还着手构建完整统一的太空导弹防御体系。米-12搭载弹道导弹系统的验证工作被终止，其他类似的军用装备也不再需要借助直升机这样昂贵的工具进行运输。此外，准备生产米-12的萨拉托夫制造厂由于承接了太多的装备生产任务而不堪重负,最关键的是米里设计局将工作重心全部转移到第三代直升机米-26的研发上,尽管米-26有效载荷不如米-12,但是米-26的技术指标和经济性都大大超过了米-12。

米-12虽然仅生产了两架样机,却是米里设计局和整个苏联直升机界的荣誉和骄傲。该直升机设计和试验经验并未付诸东流,米-12研发过程中制定了一套综合方法,可在适当考虑机身气动稳定性的情况下,研究和选择最优的直升机参数,从而确定横列式双旋翼布局的优势,并证明旋翼飞行器的载货能力。

米-12直升机

盘旋的杀手——
米-14"烟雾"水陆两用直升机

米-14(北约绰号"烟雾")是米里设计局设计的单旋翼带尾桨岸基水陆两用直升机。该机于1969年9月首次试飞,接着就在苏联海军作为反潜直升机投入使用,用来取代米-4直升机。

米-14旋翼直径21.29米,机长25.30米,机高6.93米,最大起飞重量14000千克,最大平飞速度230千米/小时,最大巡航速度215千米/小时,正常巡航速度205千米/小时,实用升限3500米,航程1135千米,续航5小时56分。

米-14直升机

米-14是在米-8基础上的改型,在座舱的滑动舱门中点上方有进气口。米-14发动机短舱比较短,装有两台比米-8的TV2-117发动机功率更大的TV3-117涡轴发动机。米-14的尺寸和动部件基本上与米-8相同,但米-14尾桨的位置与米-8不同,安装在垂直安定面的左侧。

米-14具有以下特征:机身下部为船体形,机身后部两侧有浮筒,尾梁下部有一个小的浮筒,从而使该机具有水陆两用的能力;起落装置由两个单轮前起落架和两个双轮主起落架组成,可完全收放;在尾梁前部下面有一个多普勒雷达盒。

米-14有以下几种型号。

(1)米-14PL"烟雾"A基本反潜型。由4名机组人员组成空勤组。反潜设备包括装在机头下发的较大的雷达天线罩、机身底部右后方一个可收放的声呐装置、机身前部的两个OKA-2声呐浮标或单个照明弹降落伞、机身座舱正后方的APM-60拖曳式磁探仪。武器系统包括封闭在船体舱底部的鱼雷、炸弹和深水炸弹。

(2)米-14BT"烟雾"B扫雷型。座舱左侧有机身列板(沿机身外部的两条纵向条板),取消了磁探仪。尾梁中心下面装有第二个设备盒。机身两侧各装一个多普勒雷达罩。除苏联海军外,德国和波兰均使用该直升机。

(3)米-14PS"烟雾"C搜索和救援型。这是在"烟雾"A基础上的改型。座舱左侧有机身列板和安装磁探仪的舱。左侧座舱前面有一个大宽度的滑动

米-14直升机

舱门,装有一台救生绞车。机头两侧装有搜索灯。俄罗斯和波兰均使用该直升机。

米-14旋翼系统采用5片桨叶的旋翼。尾部装置为3片桨叶的尾桨,尾桨位于垂直安定面的左侧。机身下部形如船体,机身前部有两个声呐浮标或单个照明弹降落伞舱,后部两侧有浮筒,机身底部右后方有一个可收放的声呐装置。尾梁前部下面有一个多普勒雷达盒,尾梁下部有一个浮筒。着陆装置为可收放式起落架,由两个单轮前起落架和两个双轮主起落架组成。动力装置为两台克里莫夫设计局TV3-117MT涡轴发动机,功率为2×1454千瓦(2×1977轴马力)。机头下方装有12-M型雷达,还装有R-842-M高频无线电收发机、R-860甚高频无线电收发机、SBU-7机内通话装置、RW3无线电高度表、ARK-9和ARK-U2自动测向仪、DISS-15多普勒雷达、AP34-B自动驾驶仪、自动悬停系统和SAU-14自动控制系统。

米-14累计制造了约230架,大部分由苏联使用。此外,米-14还出口保加利亚10架、古巴14架、利比亚12架、波兰17架、罗马尼亚6架、东德8架、叙利亚12架,出口朝鲜和南斯拉夫的数字不详。米-14销售单价为700万美元。

性价比之王——
米-17"河马"H 运输直升机

米-17 是苏联米里设计局设计的米-8MT 直升机的外销型号。1971 年，米里设计局开始对第一代米-8 进行现代化改进，以提高米-8 的推重比。当时，克里莫夫设计局成功研制了代号 TV3-117 的涡轮风扇发动机，这种发动机和米-8 使用的 TV2-117 发动机相比，不仅将输出功率提高到 1874 千瓦，并且拥有全新的主变速箱和机械部件。在换装发动机的同时，米里设计局还对米-8 的外形和机体结构进行了重新设计，使"河马"显得更加简洁。这些改进使第二代"河马"具有良好的飞行能力。1975 年，米里设计局将改进完成的米-8 命名为米-8MT（北约绰号"河马"H），并赋予米-8MT 全新的代号——米-17。1979—1989 年间的阿富汗战争让米-17 声名大噪，一时成为许多国家争先购买的直升机。由于加固了机体，改善了飞行能力，米-17 在遭到阿富汗游击队攻击时，依然体现出了强大的生命力和可靠性。

米-17 是米-8 系列直升机中的集大成者，它吸取了米-8 在长期使用中积累的宝贵经验。米-17 装有 2 台 TB3-117MT 涡轴发动机，功率为 2×1900 马力。与苏联第二代燃气涡轮发动机相比，TB3-117 发动机的技术水平有了质的飞跃。该发动机的压气机转子由独立的钛质圆盘通过电子束焊接制成，压气机工作叶片及导向器叶片采用钛合金冷轧方法制成，发动机滑油腔采用接触式石墨密封方法。此后，苏联生产

米-17 直升机

的所有燃气发动机均借鉴了这一先进技术。

米–17的结构和部件布局合理，部件易拆卸，具有互换性，无须使用专用工具即可在使用过程中高质量地进行维护、改装和修理。米–17最大起飞重量达到13000千克，静升限为1700米，保证单发连续飞行重量为12000千克。

米–17可用于以下用途：运送人员（不超过24人）；机内运送货物（不超过4000千克）；外挂运送货物（不超过3000千克）；担架运送伤员（不超过12人）；16～18米高度悬停时可利用软梯上下人员；悬停状态利用电动绞车吊放货物或人员，完成救生工作。

在"河马"的大家族中，米–17可谓是最大的赢家。自从苏联解体以来，喀山和乌兰乌德工厂至少新生产了300架米–17，其中90%以上被其他国家抢购一空。不可否认，价格上的优势是米–17在竞争激烈的市场上保持高占有率的法宝之一，当然，飞机本身的高可靠性和实用性，使得米–17的性价比超过了市场上同类的任何竞争对手。根据俄罗斯军火出口部门的"小册子"，一架全新的米–17只要花300～400万美元就可以购得。造成米–17价格如此低廉的原因，主要是俄罗斯廉价的劳动力和落后的制造工艺。2003年，米–17–1V的报价为每架350万美元，这大概只有欧洲的"美洲狮"售价（1400万美元）的1/4，美国西科斯基公司研制的UH-60"黑鹰"的1/3和S-92的1/4。若是购买二手米–17，一架已经使用了10～15年的米–17售价居然只要160万美元。米–17

皮实耐用又便宜，堪称性价比之王。

自 20 世纪 70 年代批量生产米 -17 以来，作为米 -8 最有代表性的改型，一直以其优异的通用性和良好的飞行性能占据最重要的位置。进入 21 世纪，喀山公司陆续推出了一些新型号的"河马"。2004 年，喀山公司展示了代号为米 -17V-7 的新型直升机，这种直升机装备了 VK-2500 涡扇发动机，起飞时的功率可以达到 1800 千瓦，每次大修的间隔为 600～1500 小时。此外，喀山公司还推出了装有低噪声桨叶的米 -8MTV-7，由于改进了动力和传动系统，这种直升机的最大起飞重量超过了 14 吨，有效载荷可以高达 5 吨，其最大飞行距离增加了 300 千米。

米 -171 是著名的米 -8T 和米 -17 的现代化改进型，性能和可靠性比米 -8T 和米 -17 都有显著提高。米 -171 于 1988 年开始研制，1991 年开始生产，之后发展了多种型号，2000 年开始批量生产。到 1992 年 10 月，已生产 36 架米 -171，其中 6 架出口到德国、哥伦比亚。米 -171 可在交通极为不便的地区及高原地区使用，主要用于执行货运、客运和救援任务。由于机上装有苏联生产的导航和无线电设备，其中部分设备是专门为直升机生产的，因此该机可在极坏的天气条件下、地面能见度低或高纬度地区实现安全飞行和着陆。米 -171 可在悬停情况下装卸货物，舱内设有货物固定装置，大型货物可通过外部吊索吊挂在机身下。

对俄罗斯直升机工业来说，近年来，最大的成功就是向世界市场顺利推出了乌兰乌德飞机公司生产的米-171。米-171出口成绩喜人的主要原因是其售价与效能的完美结合,主要竞争优势是性能可靠,使用简单,飞行技术性能较高,与西方同类产品相比价格便宜。

乌兰乌德航空制造厂不仅严把生产关,质量要求较高,而且综合使用了米里直升机、苏-25UBK强击机、苏-25YTG海基教练机、苏-39多功能攻击机等飞机制造技术。

米-171具有良好、可靠的性能,有运输、客运、货运、贵宾、医疗、消防、事故救援、军事运输等各种改型,装备有威力强劲的TV3-117VM发动机和AI-9型辅助动力装置。在最新改型直升机中,AI-9型辅助动力装置将由试验成功的VK-2500新型发动

米-17直升机实弹射击训练

米-171 直升机

机替代，从而大幅提升直升机的动力升限、航程、稳定性、安全性等性能，能在酷热及高山空气稀薄条件下执行复杂任务。即使一台发动机发生故障，另一台发动机也能实时进入紧急状态，保障直升机（标准起飞重量）以 0.8 米/秒的垂直速度爬升，水平飞行至少 60 分钟，并实现安全着陆。另外，米-171 直升机内部或外挂上还可装配辅助燃油箱，使最大飞行距离增加到 1300 千米。东南亚是各型米-171 直升机和米-171SH 武装运输直升机最有前景的出口地区，仅在 2005 年就有 3 个国家大量采购米-171，而且这还只是米-171 家族强势进军东南亚市场的第一步。

飞行的步兵战车——
米-24"雌鹿"攻击直升机

米-24（北约绰号"雌鹿"）是苏联空军第一种攻击型直升机。它是在米-8的基础上研制成功的，主要用于空中支援、反坦克、空战、武装护送和运输等任务。米-24是苏联在阿富汗战争中最有效的武器之一，已成为这场战争的"形象大使"。米-24的性能很像美国的AH-64"阿帕奇"，但它与"阿帕奇"及其他西方国家攻击直升机不同的是，它还能搭载和运输8名作战人员。苏联当年在欧洲部署了相当数量的米-24。苏联解体以后，俄罗斯继续生产和部署米-24，而且有不少出口到发展中国家。

1977—1978年间的欧加登战争中，米-24首次参加实战，协助欧加登民族解放阵线对抗索马里军。1979年的阿富汗战争中，米-24大量运用，但被美国支援的"毒刺"导弹击落不少，不仅首开"雌鹿"被击落的纪录，直升机乘员的伤亡率更是高居苏军所有飞行员伤亡率之首。这场长达8年的两伊战争中，曾经发生56场直升机之间的空战，其中10场是米-24"雌

米-24直升机

鹿"与 AH-1J"眼镜蛇"之间的空战。

"雌鹿"在两伊战争中击落"眼镜蛇"的辉煌战绩，使得"雌鹿"身价倍增，许多第三世界国家都装备了"雌鹿"。它是世界上生产数量最多、应用最广的武装直升机之一，生产超过 2000 余架。美国以最快的速度进行了先进直升机及其空战方面的研究，这对俄罗斯形成了强大的压力，使其不得不加快了新一代武装直升机的研制。但毕竟远水不解近渴，加之面临持久的经济困境，为了保持军事实力、重塑大国形象，俄罗斯采取新策略，在研制新装备的同时，对"雌鹿"进行现代化改进，使其适应未来战场的需要。新改进的米 –24 编号为米 –24BM，根据改进程度和采用模块搭配的不同，米 –24BM 有多种型别，如米 –24BM 的出口型重新编号为米 –35M。

米 –24 的改进方法采用了灵活的"模块式"，即所有的改进工作都集成在 5 个独立的模块中，每个模块在提高性能方面都有自己的侧重点。用户既可以全部实施，也可以根据实际需要，有选择地或者分步实施，还可以对改进或要采购的米 –24 新改型提出自己的技战术性能要求。这与"模块式"方法并不矛盾，只不过需要进行一些补充调整试验。

"模块 1"主要用于延长直升机寿命周期。该模块包括直升机故障检查、安装相应配套件、检测和试飞等。这项工作可以在用户的基地穿插在其他"模块"的实施过程中进行。在给直升机延寿方面，米里莫斯科直升机制造厂拥有 30000 架米式系列直升机的生产、研制和维护的经验。这是米 –24 新改型提高延寿的可靠保证。经过"模块1"的改进工作之后，米-24的使用寿命可增加10～15年，技术寿命达到4000多个飞行小时，各组件的寿命也大大延长。

"模块2"主要用于大幅改进米-24的飞行和使用性能，以及提高直升机的战斗生存力。米-24BM换装了功率更大的TB3-117BMA高原型发动机，采用了俄罗斯第四代武装直升机米-28H的玻璃钢桨叶、带有弹性轴承的旋翼桨毂和效率更高的X形尾桨。这些部件实际上没有寿命限制。与金属桨叶相比，玻璃钢桨叶的抗弹击能力大大增强。对于这种桨叶的研制和维护，米里直升机制造厂已有17年的经验。这种旋翼桨叶的翼型更为先进，气动效率更高。此外，米-24BM旋翼桨毂的铰链，采用橡胶/金属合成材料制作，具有自润滑能力，因此不再需要使用润滑油。直升机的旋翼自动倾斜器和尾桨的润滑油注油孔，由原来的40～45个减少到1个，这样既节省了润滑油，又大大减少了维护工作量和难度。完成"模块2"之后，米-24的机体结构重量可减轻300千克，航程增加100千米，近地垂直爬升率从原来的9.6米/秒提高到12.4米/秒，静升限增加了600米，作战机动性能也大大增强。

"模块3"主要用于进一步改善直升机的战术性能。该项工作包括：改进起落架收放机构和辅助液压系统，以减轻结构重量；改进主液压系统；短翼翼展缩短，将武器外挂点减少到4个，使用新研制的多座反坦克导弹发射器；改进后的短翼内安装有武器提升装置，新型悬臂式支架上设有可拆卸锁定装置，可方便武器挂装；更换先进的无线电电台等设备和其他改进。经过这些改进后，直升机的重量可以减少 300 千克，直升机静升限可以再提高 300 米。采用固定式起落架虽然增加了一定阻力，但由于短翼缩短使阻力减小，因此直升机的整体阻力并没有增加。同时，固定式起落架还可增加直升机在遭受战斗损伤后紧急迫降的安全性。

"模块 4"主要用于增强机载武器的作战效能。在经过"模块 4"改进后，米–24BM 最多可挂载 16 枚更先进的高精度 9M120"攻击–B"空地导弹，还可装备先进的超声速"突击"地空导弹和 9M39"针–V"

米–24 直升机

空空导弹。在机头下的炮塔内，使用活动式双管航炮取代了以前的12.7毫米口径4管机枪。在完成前4个模块工作之后，米-24BM的整体作战效能提高50%～70%。1999年3月4日，经过前4个"模块"改进工作后的米-24BM成功地进行了首飞，各项指标都达到了预定目标。

"模块5"主要用于解决米-24直升机及其机载武器没有夜间作战能力的问题。米里直升机制造厂制定了几套方案，但定型方案目前还没有最终确定。以前在人们头脑中有一种根深蒂固的观念，认为固定翼飞机和武装直升机的驾驶、导航和瞄准设备基本是相同的。可是，经多次实战经验证明，它们在使用战术和方法上至少存在着以下两点本质差别：①作战使用的高度不同。不管研制和装备如何先进的防护设备，直升机与飞机相比，总是容易被射击武器和便携式地空导弹所毁伤。直升机要想大大提高战场生存力，必须依靠它的低速性和机动性，在低于50米的低空或超低空，利用其良好的机动性规避地面人为的和自然的障碍物飞行。在这样的高度上，只能是靠目视和手控飞行。固定翼飞机虽然不能在这个高度飞行，但它可以用提高高度来躲避地面火力的攻击，而且可以进行仪表飞行和自动飞行。②经多次战争和武装冲突证明，直升机在预定作战地区的平均持续飞行时间是22分钟。越南战争中，美军的所有参战直升机共有3600万架次的战斗出动，也证明了这一点。当然，将会出现持续时间更长的战斗出动，但是这种例外不会很多。基于这两个差别考虑，米里直升机制造厂在

米-24 直升机

"模块5"中将主要完成以下工作：飞行员在整个飞行过程中都与地面保持目视接触，飞行员配备夜视镜或者前视红外头盔显示系统；安装带有地形测绘功能的卫星导航系统，能够将必要的数据实时传递到头盔显示器上，以供飞行员及时手动修正航向；要装备夜视镜，座舱照明要做相应改进，以便与飞行员夜视镜的光谱性能兼容；加装全天候多通道光电观察瞄准系统，以取代原来的昼间瞄准系统。完成"模块5"之后，米-24BM就可以在夜间和复杂气象条件下发现、识别、攻击目标，拥有了可靠的全天候作战能力。

侠之大者——
米-26"光环"运输直升机

米-26（北约绰号"光环"）是米里设计局研制的双发多用途重型运输直升机，是继米-6和米-10以后发展的重型运输直升机，也是当今世界上最重的直升机。

苏联在20世纪70年代初期研发米-12的效果不够理想，于是重新开始研制重型直升机，任务代号为"90计划"，这就是后来的米-26。这款新机型的设计方案要求飞机自身重量必须小于其起飞重量的一半，并由米里设计局创始人米哈伊尔·米里的学生马纳特·迪歇切科主持设计。米-26以军用和民用兼顾的重型直升机为设计思路，其目的是运送重达13吨

米-26直升机

（29000磅）的两栖装甲运兵车及协同军用运输机（如安-22和伊尔-76）将弹道导弹运往偏远地区，取代早期的米-6和米-12重型直升机。

1977年9月14日，米-26进行了首飞。1980年10月4日，编号为"01-01"的首架飞机交付使用。在飞机制造期间，有一架即将交货的飞机在测试单引擎着陆时坠毁，但未造成人员伤亡。1983年米-26的研发工作结束，1985年开始进入苏联的军队服役和商业运营。

米-26旋翼直径32.00米，尾桨直径7.61米，机长40.03米，机高11.60米，水平尾翼翼展6.02米，主轮距7.17米，前主轮距8.95米，空重28600千克，最大有效载荷20000千克，正常起飞重量49600千克，最大起飞重量56000千克，最大平飞速度295千米/小时，正常巡航速度255千米/小时，悬停高度1000米，航程500千米。

米-26是第一架旋翼叶片达到8片的重型直升机，有两台发动机并实施载荷共享，即使其中一台失效，另一台发动机仍可以维持飞机的正常飞行。它的重量只比米-6略重一点，却能吊运20吨（44000磅）的货物，比米-6大7吨，是继米-12之后世界第二大与第二重的直升机，是现今仍在服役的世界第一大和第一重直升机。2010年7月，俄罗斯宣布与中国共同研发米-26的后续机型。

米-26具有极其明显的军事用途，其最大内载和外挂载荷为20吨，相当于美国洛克希德·马丁公司C-130"大力士"的载荷能力。米-26主要用于没有道路和其他地面交通工具不能到达的边远地区，为石油钻井、油田开发和水电站建筑工地运送大型设备和人员。米-26往往需要远离基地到完全没有地勤和导航保障条件的地区独立作业，因此直升机必须具备全天候飞行能力。

俄罗斯陆军装备了35架米-26。另外，米-26还出口到20多个国家，包括印度（10架）、乌克兰（20架）、秘鲁（3架）。1982年2月，米-26创造了5项直升机有效载荷、高度世界纪录。

米-26体积庞大，驾驶复杂。较早时期生产的机型，完成飞行任务需要5人协同配合，因此，它的驾驶舱也是世界最大的直升机驾驶舱。由于米-26驾驶舱的标识为俄文，对不懂俄文的机组人员来说颇为复杂，要有专门的适应性训练。2006年初，俄罗斯罗斯托夫直升机制造公司为委内瑞拉制造的米-26T2型对驾驶系统和机载设备做了较大改进，完善了飞机的自动化功能，两名飞行员即可以完成飞行任务。由于米-26是世界最大的直升机，驾驶者驾机上天会颇感刺激。

米-26的相关事件如下。

（1）切尔诺贝利核事故处置。为处置核泄漏事故，米里直升机厂紧急设计了一款防核辐射的米-26S型直升机，强化了抵御核辐射的机身密封装置，在切尔诺贝利核泄漏现场大派用场。

（2）西伯利亚巨型猛犸象冰尸运输。1999年10月，米-26承担封冻了2.3万年的猛犸象巨型冰块的运输任务，整个冰块有25吨重，为顺利实施运输任

米-26 参与汶川地震救灾

务，米-26不得不回厂拆除飞机上不必要的负重零件，以便安全、可靠地运送这个巨大冰块至目的地。

（3）车臣事件。2002年8月19日下午4时50分，一架俄罗斯军方的米-26直升机在车臣首府格罗兹尼郊外坠毁，由于坠毁地点广布地雷，影响救援效率，造成很大数量的人员伤亡，据俄罗斯副总检察长谢尔盖·弗雷汀斯基在事发后透露，官兵伤亡达数十名。国际文传电讯的消息进一步证实飞机是遭地面导弹攻击坠毁的。据俄罗斯ORT国家电视台报道，这是俄军历史上最惨重的军事空难。事后，俄罗斯总统普京宣布2002年8月22日为米-26死难者的全国哀悼日。

（4）汶川地震救灾。2008年5月12日，我国四川省汶川县发生了里氏8.0级的特大地震，给我国带来了极其惨重的人员和财产损失。我国投入了100多架多种型号的直升机用于抗震救灾，其中运力最强的还要数从俄罗斯引进的米-26。两架米-26更是凭借着卓越的运输能力，不断将挖掘机等重型机械吊装到唐家山堰塞湖一带，力挽狂澜于危难之中。2008年5月20日，一架米-26只用了两次起降就将一个村子的两百余名灾民运送到安全地带，其强大的运力可见一斑。

阿帕奇斯基——
米-28"浩劫"攻击直升机

米-28（北约绰号"浩劫"）是由俄罗斯莫斯科米里直升机制造厂研制的第五代武装直升机，是目前世界上唯一能够在距离地面 5 米的高度上进行攻击和长时间高速飞行的直升机。这是它独一无二的"绝活"。高度在 30 米以下是雷达系统的"盲区"，这就意味着米-28 能神不知鬼不觉地接近"猎物"。米-28 的飞行性能也是世界上最先进的，能够在空中做"前

米-28"浩劫"直升机

空翻""后空翻""侧滚翻"等高难度动作。米–28于1996年11月4日完成首飞，主要用于全天候搜索和摧毁地面装甲目标、小型空中目标及敌人的有生力量，堪称21世纪的"夜鹰"。

米–28战斗乘员2人，正常起飞重量10700千克，最大起飞重量11500千克，静升限3700米，动升限5700米，最大速度约300千米/小时，带10%备用燃料时其作战半径435千米，两台发动机单台功率1617.64千瓦（2200马力），武器系统包括口径30毫米速射机炮、空地和空空导弹、80毫米和130毫米非制导火箭弹。

为提高米–28的抗坠毁能力，米里直升机制造厂的专家对武装直升机的事故原因进行了全面分析和研究，发现45%的飞行事故发生在80米低空。为此，米里直升机制造厂研制出了由减振起落架和减振座椅组成的被动式减振防护系统，从而确保直升机在以每秒12米的垂直速度坠地时机组人员的生命安全。

米–28是俄罗斯武器装备发展思想从传统的"防御型"转向"进攻型"，从"单用途"转向"多用途"，从"一机一型"转向"一机多型"的典型代表作。因此，米–28具有很强的自部署能力和抗战伤能力，在对敌攻击、反装甲和直升机空战等方面，对西方现役或发展中的同级机种构成了较大的威胁。"浩劫"沿袭了俄制战机机动性好、火力强大的传统特性，再融入阿富汗战争经验，成为名副其实的空中破坏者。"浩劫"在设计思想上更强调战场生存能力，主要体现在以下几个方面：①采用尾舵轮，使直升机在地面也有滑行能力，其旋翼系统与美英相比更具有先进性。5片大型的主旋翼片由玻璃纤维的翼梁连接，再以复合材料包裹而成，除可提供极佳的升力外，也具有相当的弹道防护性。4片翼梢装有空速传感器，可提供贴地飞行时所需要的全向大气信息。②座舱及重要部位采用复式结构，即使被单枚导弹命中，也仍能持续操作和实现返航，其座舱的侧面及底部为陶瓷及钢板的夹层防护装甲，可抵挡7.62毫米口径弹头的直接射击。③采用先进的观测和火控系统，配有光学观测器、激光测距仪、前视红外传感器和低光度电视。④具有雷达跟踪能力及无线制导反装甲能力，飞行员可以在飞行舱内操纵机炮及其他武器。⑤人员逃生系统的设计堪称一绝，在紧急事故发生时乘员可启动逃生系统，逃离机舱。

米-28N（绰号"黑夜猎手"）全天候武装直升机是在米-28基础上改进而成的。它基本保留了米-28的机体、操纵系统、武器系统、防护装置，主要改进了动力装置、承压系统和机载无线电电子设备。

米-28N"黑夜猎手"直升机

米-28N"黑夜猎手"直升机

基本设计思想是攻击地面活动目标，攻击近距离支援攻击机和直升机，拦截和射杀低空飞行的巡航导弹，以及进行战场侦察。"黑夜猎手"是美国的"阿帕奇"的强劲竞争对手，是当年美苏军备竞赛的产物。米-28N最初的目的在于：①为陆军分队提供直接的战场火力支援；②攻击那些加强了装甲防护的主战坦克；③护送直升机空降部队；④与"阿帕奇"那样的直升机进行空战，并尽可能地将它击毁。"黑夜猎手"从诞生之初就是瞄着"阿帕奇"进行设计的，不仅具有"阿帕奇"几乎所有的功能，还有不少独家绝活。"黑夜猎手"能以45°/秒转角盘旋，完成复杂的飞行特技动作，这在战场上有助于快速脱离危险区；"阿帕奇"虽比它轻2.5吨，却没有这个本事。"黑夜猎手"的攻击力与"阿帕奇"不相上下，但是能挂载"针"式空空导弹，携带的非制导火箭数量也比"阿帕奇"要多。武器方面的不足之处是它配置的2A42型30毫米机炮不如"阿帕奇"轻便。"黑夜猎手"具有世界上独一无二的地形跟踪系统，能根据地势自动调整飞行姿态，几乎就像巡航导弹一样，这种性能令极力推崇"阿帕奇"的人惊出冷汗。

尽管"黑夜猎手"的机载雷达和电子设备有很大进步，但辨识和处理技术还不如"阿帕奇"精细。"阿帕奇"的机载雷达和电子设备具有分辨防空武器、轮式车辆及其他目标细微差别的能力，从而提高了它在战场上的精确打击力和生存能力。不过，"阿帕奇"的先进雷达往往派不上用场，与形形色色的恐怖分子周旋时尤其如此，因输送能力有限而不适合在高山条件下活动。根据安装的不同配件，"黑夜猎手"的初步定价为1200～1500万美元，比同类型的"阿帕奇"的售价低2/3。

在苏联时代，武装直升机就是一架可以飞行的坦克或带有旋翼的强击机，主要任务是进行反坦克和近距离支援作战，因此一切设计都围绕这一主要任务来进行。苏联解体后，俄罗斯先后经历了车臣战争、南奥塞梯冲突和叙利亚战争，特别是在叙利亚的反恐作战让俄军武装直升机经受了战火考验。俄军将叙利亚作为新式武器的试验场，除了打主力的米–35"雌鹿"系列武装直升机外，还将米–28N等新型武装直升机派到战场上接受实战检验。在叙利亚战场上，武装直升机面对的敌人不再是主战坦克，而是神出鬼没的武装分子，他们普遍装备双管23毫米机关炮和便携式防空导弹，对于飞行在3000米以下的武装直升机进行偷袭，屡屡得手。

米-28NM"超级黑夜猎手"在空中发射炮弹

俄军在叙利亚损失了多架武装直升机,包括卡-52和米-28也都曾经折戟沙场。这些血的教训让俄罗斯设计师们对于武装直升机的改进方向有了新的思考。

米-28NM(绰号"超级黑夜猎手")全天候武装直升机是米-28系列的最新成员,是米-28N的深度改进型,具有以下特点。

(1)重视态势感知能力。在叙利亚,武装直升机主动参与战斗的机会并不多,更多的是配合做好战术侦察、炮兵校射等任务,加上在危机四伏的战场上需要应对乘坐皮卡高速机动的敌防空猎杀小队,因此,良好的态势感知能力就显得尤为重要。米-28NM将提升观瞄系统效能放在了改进工作的首位。同时,米-28NM 的设计师积极适应新战法新战术，认真考察了中东战场上广泛出现的无人机作战新趋势，在设计时强调了米-28NM 与无人机的联动协作，使无人机成为米-28NM 的又一双眼睛。除了与无人机的联系外，米-28NM 装备了现代化通信系统，可以和地面部队建立更加密切的通信联系，实现空地一体作战。

（2）重视光电对抗能力。叙利亚各派武装通过多种渠道获得了世界上顶尖的便携式防空导弹系统，使得俄罗斯武装直升机面对的威胁甚至比阿富汗战争发生的"毒刺危机"更甚。因此，俄罗斯专门研制出"维捷布斯克"机载防护系统，使战机的生存能力提高了20～25倍。在叙利亚战争的后期，俄军各种直升机损失的报道要远远少于战争爆发之初。装备该防御系统的米-28NM 可以在深入武装分子活动密集的区域活动，为执行特种作战的俄军地面部队进行有效支援。

（3）重视远程打击能力。传统反坦克导弹一般射程为5～10千米，随着防空武器迅猛发展，这点射程已经不足以确保直升机在安全空域打击敌地面目标。随着察打一体无人机的兴起，长射程小尺寸的空地导弹大行其道，相对而言，武装直升机使用的反坦克导弹存在价格昂贵、射程较近、附带杀伤大等问题。在反恐作战中，打击的往往只是一顶帐篷、一辆皮卡、火堆边的几个人等，面对这种目标时，察打一体无人机的优势就显现出来。面对防空武器的挑战和来自无人机的竞争，武装直升机必须拥有射程更大的空地制导武器。射程高达25千米的"产品305"空地导弹在这个背景下应运而生。

米-28NM直升机的最初设计以美军AH-64"阿帕奇"直升机为"假想敌",升级后的米-28NM直升机性能大大超过后者,可在暗夜条件下作战,而"阿帕奇"不具备这一能力。米-28NM直升机装备两台VK-2500P发动机,尽管最大起飞重量比"阿帕奇"直升机重3吨,但飞行性能更好,作战载荷更重。此外,米-28NM直升机的目标探测范围也更远,高出"阿帕奇"直升机1倍,搭载高精度导弹后,其作战性能大大超越竞争对手。

2011年7月29日,米-28NM原型机(机号为黄色X01)下线,直至2016年10月一直在进行各项试飞,此后至少有一架米-28NM原型机在叙利亚进行了战斗测试。2017年12月,俄罗斯国防部与俄罗斯直升机公司签订了一份合同,生产第一批米-28NM量产型武装直升机,首架量产型米-28NM(机号为红色70)于2019年4月首飞,此时该机外形与原型机已有较大差别。2019年6月23日,俄军接收了第一批2架最新改进型的米-28NM武装直升机(量产型),开启了米-28家族的新篇章。2019年6月27日,在第5届"军队-2019"国际军事技术论坛期间,俄军再次与俄罗斯直升机公司签订了一份合同,在2027年底前交付98架米-28NM。

西洋"低空旋风"——欧洲直升机

欧洲国家直升机发展思路各有差异。意大利坚持自给自足,鼓励直升机制造企业通过国际合作开发产品,建立一个涵盖轻小型、中大型及重型的完整的军用直升机谱系。英国希望能快速部署中型直升机,注重提高军用直升机的通用性,提高三军作战能力和成本效益。法德两国按部就班推动军队现代化改革,法国的直升机国防预算按计划保持稳步增长,德国政府直升机项目同样引人关注。为适应未来战场的需要,法国、德国、意大利和英国等欧洲国家密集启动军用直升机的更新换代,更加突出模块化、通用性、经济性、可靠性和可互用性,以保证到2040年替换约1000架军用直升机,确保欧洲国家未来的作战能力。

改装成功的典范——法国"云雀"Ⅲ轻型直升机

"云雀"Ⅲ是法国南方飞机公司在 20 世纪 50 年代末,在"云雀"Ⅱ基础上发展而来的涡轴发动机驱动的轻型多用途直升机,主要用于遂行战术运输、空中观(侦)察、伤员救助和飞行吊运等任务。

"云雀"Ⅲ原型机于 1959 年 2 月 28 日首次试飞,1961 年开始批量生产。早期型 SA-316 装备 1 台"阿都斯特"Ⅲ型涡轴发动机。1969 年年底之前交付的称为 SE-3160 型,主要针对"云雀"Ⅱ各种不足进行了改进;1970 年交付的称为 SA-316B 型,主要改进是改装"阿都斯特"ⅢB 发动机,提高有效载重;1972 年后交付的称为 SA-316C 型,要改进是

"云雀"Ⅲ直升机

改装"阿都斯特"ⅢD发动机；其间，1967年，在SA-316C型基础上又改装出新的改型SA-319B型，1971年投产，主要是改装"阿斯泰勒"ⅩⅣ型涡轴发动机，油耗节省25%。至1985年5月为止，已有1455架"云雀"Ⅲ交付给世界上74个国家的军、民用户。

"云雀"Ⅲ旋翼直径11.02米，尾桨直径1.91米，机长12.84米，机宽2.60米，机高3.00米，空重1134千克，最大起飞重量2200千克，正常起飞重量2100千克，内油量560升，最大平飞速度220千米/小时，最大巡航速度195千米/小时，爬升率4.5米/秒，实用升限4000米，最大航程480千米，有地效悬停高度3100米，无地效悬停高度1700米，乘员1人。

"云雀"Ⅲ拥有一个卵形机身，前半部是玻璃曲面舱盖，视界极其良好，后机身上方是裸装的发动机，尾撑细长。"云雀"Ⅲ是带尾桨的单旋翼直升机，主旋翼与尾桨各装3枚桨叶。前三点起落架为固定机轮式，也可加滑橇。垂尾为双枚形式，装在小平尾左右。座舱有2排座位，前排3座，后排4座，也可拆去。

"云雀"Ⅲ能承担多种任务：用于反潜时，可带拖曳式磁探仪及2枚Mk44型自导鱼雷；用于反舰时，可带2枚AS12型有线诱导空地导弹，能击毁小型船艇，并装有"鱼叉"反舰装置；用于执行攻击任务时，可带陀螺稳定瞄准仪及7.62毫米机枪（带弹1000发）或20毫米机炮（带弹480发），或外挂4枚SA-11或SA-12空地有线制导导弹；用于运输时，可载 5 人或吊运 750 千克物资。"云雀"Ⅲ是享有盛名的法国轻型军用直升机，也是中国最早购入的一款西方直升机。

20 世纪 60 年代中国引进的"云雀"Ⅲ

老而弥坚——法国"小羚羊"轻型直升机

"小羚羊"是由法国与英国共同设计研发的 5 座轻型多用途直升机。"小羚羊"的设计始于 1964 年,原型机 SA-340 于 1967 年 4 月 7 日试飞。1971 年 5 月 13—14 日,SA-341(预生产 01 号机)创造了 3 项 EIC 级世界直升机飞行速度纪录,在 3000 米、25000 米直线航段上和 100000 米闭合航线上分别达到 310 千米/小时、312 千米/小时和 296 千米/小时的高速度。

"小羚羊"直升机

"小羚羊"旋翼直径 10.5 米,尾桨直径 0.695 米,机长 11.97 米,机宽 2.04 米,机高 2.72 米,滑橇间距 2.02 米,空重 999 千克,最大外挂重量 700 千克,最大起飞重量 2000 千克,最大允许速度 280 千米/小时,最大巡航速度 260 千米/小时,爬升率 7.8 米/秒,

实用升限 4100 米，悬停高度 3040 米，最大航程 710 千米。

"小羚羊"是一种带尾桨的单旋翼直升机，但其尾桨采用较先进的涵道尾桨形式，主旋翼可折叠。机身呈鸭蛋形，前半部由曲面玻璃包围，视界良好。1 台"阿斯泰勒"XⅣ型涡轴发动机安装在后机身背部。三垂尾，二小一大。起落架为双滑橇式，全机布局近似于"云雀"Ⅲ，但采用了更流线的设计。在机舱内有 2 排座椅，前排可坐 1～2 名驾驶员，后排可坐 3 人，但也可装货。

"小羚羊"可外吊 700 千克货物，拥有 135 千克的绞车，可载 2 副担架或照相侦察器材，若作为武装攻击机用，"小羚羊"可装 2 个"布朗特"68 毫米或 FZ70 毫米火箭弹吊舱，也可外挂 2 枚 AS12 有线制导空地导弹及陀螺稳定瞄准具，或外挂 4～6 枚"霍克"（或"陶"式）有线制导反坦克导弹。此外，也能选挂 2 挺 7.62 毫米机枪或 1 门 GIAT 20 毫米机炮。"小羚羊"的改型有多种，其中 SA-341G 民用运输型，是世界上第一种被国际民航组织批准的单人驾驶仪表飞行第一类直升机（现已达第二类水平）。至 1985 年，各型"小羚羊"共生产 1200 架。1986 年，该机单价为 65～72.5 万美元。

我国于 20 世纪 80 年代从法国引进了 8 架"小羚羊"武装直升机，填补了我军武装直升机的空白。

"小羚羊"有丰富的实战经历，不仅参加了马岛战争，还参加了海湾战争。1982 年英阿马岛战争中，"小羚羊"在英军的垂直登陆作战中发挥重要作用，

我国陆航部队曾经装备的"小羚羊"

与英国皇家海军的其他直升机一起,将英军突击队员和所需物资大量运送上岸,使英军能迅速建立滩头阵地。在此后的行动中,英军多次使用"小羚羊"直升机实施蛙跳战术,大大加快了部队进攻的速度,取得了良好的效果。1991年海湾战争期间,英国派出了18架"小羚羊"参战,法国也派出了第6轻装甲师两个直升机团装备的"小羚羊"执行任务。

海湾战争中"小羚羊"发射"霍特"反坦克导弹

凤凰涅槃——法国"海豚"多用途直升机

"海豚"是法国宇航工业公司研制的一种很有名的轻中型军民两用单桨式多用途直升机,有单发和双发型两种。按发展顺序,最早出现的是单发的 SA-360C 与 SA-361,别称"海豚";稍后出现了双发的 SA-365C、SA-365N 和 SA-365F,别称"海豚"-2。作为"云雀"Ⅲ的后继机种,"海豚"原型机于 1972 年 6 月 2 日首飞,1973 年 5 月创造了 3 项直升机世界速度纪录。单发动机的 SA-360C 经反复试飞后投产,主要用于民航系统。SA-360C 为后三点起落架,机头罩突出不明显。此外,法国还曾利用 SA-360 发展了反坦克型 SA-361HAHCL。

"海豚"全长 13.20 米,机身长 10.98 米,全高 3.50 米,机宽 3.15 米(水平安定面翼展),空重 1637 千克,最大起飞重量 3000 千米,有效载荷 1300 千克(外载)/1420 千克(内载),最大航程 680 千米,续航时间 4 小时,极限速度 315 千米/小时,最大巡航速度 275 千米/小时,最大爬升率 9 米/秒,乘员 2 人。它仍为单发直升机,可挂载 8 枚"霍特"导弹或 20 毫米机炮、火箭和 7.62 毫米机枪,也可运载 10 名突击队员。

"海豚"进入双发动机的"海豚"-2 时代,才真正得到发展。"海豚"-2 的第一个改型是 SA-365C,由 SA-360 发展而来,改装 2 台"阿赫耶"涡轴发动机,单台功率 484 千瓦,是民用型,起落架采用双滑橇或固定后三点型。SA-365N 是 SA-365C 的改

"海豚"直升机

进型，1979年3月试飞，尾翼加大，并对一些整流罩、舱门及桨叶进行了修改。与"海豚"SA-360相比，SA-365N除改成双发动机外，起落架改成前三点形，机头罩（前风挡下的机鼻）也较明显地前突。与SA-365C相比，SA-365N起落架从后三点改为前三点，并全部收入机身，减少了飞行阻力。此外，SA-365N取消了中央操纵台，座舱内空间扩大，机鼻扩大后可容纳雷达，改进了旋翼，携油量从640升增至1140升，航程明显延长。发动机采用"阿赫耶"-1C替代了"阿赫耶"-1A。SA-365N可载13名乘客，也可吊挂1600千克重物，还可安装全套反潜反舰武器，包括全向雷达及鱼雷2枚。

"海豚"的动部件、结构件大面积采用复合材料，以AS-365N为例，它扬弃了其前身常用的铝铆钉结构，59%采用复合材料结构，28%采用铝夹层结构，13%采用常规铝铆钉结构，这在国外其他先进的飞机上也属罕见。因为复合材料和铝夹层结构具有比强度、比刚度、疲劳强度和破损安全性高的优点，所以"海豚"的性能非常优越，大部分动部件的寿命可达"无限"，如桨叶的寿命为无限，而同类直升机桨叶寿命为 $5×10^3$ 小时。直升机结构重量轻，空机重量约为全机起飞重量的 51%，而其他同类直升机的空机重量约占起飞重量的 55%。"海豚"的最大速度可达 296 千米 / 小时，而一般同类直升机的最大速度不超过 270 千米 / 小时。

我国在改革开放初期引进"海豚"直升机。我们不仅得到了整机，还掌握了完整的生产技术。"海豚"帮助我们研发出了多种新型号的军用直升机。直-9 和直-19 的问世，标志着国产直升机走上了新的台阶。直-19 是一款集侦察和打击为一体的全能直升机，是中国在直升机技术方面的杰作。法兰西"海豚"浴火重生，变成"红色飞狼"。

直-19 直升机

战斗的"海豚"——
法国"黑豹"多用途直升机

AS-565（绰号"黑豹"）是法国宇航工业公司在"海豚"-2的基础上为陆军航空兵和海军发展的多用途军用直升机。原型机于1984年2月首飞，1988年开始交付。"黑豹"原编号SA-365K，1990年1月改称为AS-565。主要型别有：武装型、反坦克型、高速运输型、反舰反潜型。

"黑豹"全长13.74米，机身长12.07米，机宽

"黑豹"直升机

4.20米，全高4.07米，空重2690千克，有效载荷1600千克，最大起飞重量4100千克，有地效悬停高度3200米，无地效悬停高度2500米，乘员2人，4片桨叶，旋翼直径11.93米，极限速度296千米/小时，最大巡航速度278千米/小时，最大爬升率8米/秒，航程740千米。动力装置为2台TM333-1M涡轴发动机，单台功率680千瓦。

武器系统包括6~8枚"霍特"反坦克导弹、1门20毫米机炮、72枚68毫米火箭弹，以及夜视瞄准具和前视红外仪等。机体涂有低红外线反射涂料，可降低雷达信号。其飞行控制伺服系统和发动机的控制系统均具备同样的防护能力。机载设备还装有SFIM155自动驾驶仪、夜视镜、雷达警告接收机、红外干扰器和干扰物投放器等，大大加强了在作战地域的生存能力，机身复合材料使用比例增加了15%。座椅可防弹，油箱中弹后可自封，带电缆剪（用于割断飞行中遇到的电线）。座舱加强了抗坠毁能力，可抗15g过载，有夜视仪及电子干扰设备，更适合于贴地飞行。

"黑豹"主要用于高速突击运输，可在400千米范围内运送2名机组人员及10名士兵，或在11千米半径内每小时运送60名士兵。机身两侧可挂22枚68毫米火箭弹加19枚70毫米火箭弹及1具20毫米炮舱，可连续执行3小时的火力支援。其中：用于反坦克作战时，可改挂4枚"霍特"导弹；用于直升机"空战"时，可改挂4枚空空导弹加1门机炮。此外，"黑豹"还能执行武装侦察、反舰、反潜、搜救、伤员后撤（4个担架）或外吊1600千克物资的运输任务。

"黑豹"从驱逐舰甲板上起飞

2024年3月,执行"盾牌"行动的法国驱逐舰出动一架"黑豹"直升机,使用观瞄设备捕获一架"萨马德"-3无人机,并引导舰载武器成功拦截。

频频出镜——法国"美洲豹"运输直升机

"美洲豹"是法国宇航工业公司从 1963 年 1 月开始研制的双发中型多用途运输直升机。1967 年，英国韦斯特兰公司加入研制行列。原型机于 1965 年 4 月 15 日试飞，1969 年春天开始服役。"美洲豹"主要改型有：SA-330B，法国陆军型；SA-330C/H，出口军用型，非洲用；SA-330E，英国空军型，正式型号为"美洲豹"HC.Mk.I；SA-330F/G，民用型；SA-330J/L，改复合材料桨叶的军用型，外吊能力高达 7500 千克，1978 年 4 月成为西方第一种获得全天候飞行适航证的直升机，进气口有防沙防浪装置；SA-330Z，涵道尾桨的试验型号。至 1985 年 1 月，已有 692 架"美洲豹"售往 46 个国家。此外，罗马尼亚与印度尼西亚还仿制了 100 多架。"美洲豹"在许多国家使用性能良好。

"美洲豹"直升机

"美洲豹"有一个高度相对较大的粗短机身,尾撑平直,机身背部并列安装2台"透默"Ⅳ.C型涡轴发动机,最大功率1600轴马力。机头为驾驶舱,飞行员1～2名,主机舱开有侧门,可装载16名武装士兵或8副担架加8名轻伤员,也可运载货物,机外吊挂能力为3200千克,可视要求携带导弹、火箭,或在机身侧面与机头分别装备20毫米机炮及7.62毫米机枪。"美洲豹"采用前三点固定起落架,是一种带尾桨的单旋翼布局直升机,旋翼为4叶,尾桨为5叶。

电视剧《垂直打击》中亮相的我军"超美洲豹"直升机

SA-332"超美洲豹"是双发多用途运输直升机，是 SA-330"美洲豹"的改型，1974年开始设计，1977年9月5日首次试飞。"超美洲豹"军用型于1990年被重新命名为 AS-532"美洲狮"。SA-332"超美洲豹"/AS-532"美洲狮"的主要型别有："超美洲豹"Mk Ⅱ 和 AS-5320C、AS-532UL、AS-532AC、AS-532AL、AS-532SC、AS-532MC。2019年9月6日，空中客车直升机公司宣布交付第1000架"超美洲豹"直升机。我国于20世纪80年代进口6架"超美洲豹"直升机。

由于"美洲豹"出色的运输性能，在近代的几场局部战争中均能看到它的身影，如海湾战争、南非边界战争、葡萄牙殖民地战争、南斯拉夫战争、黎巴嫩内战、伊拉克战争等，出镜率很高。

拿来主义——
法国 SA-321"超黄蜂"多用途直升机

SA-321"超黄蜂"是法国宇航工业公司研制的三发中型多用途直升机,是由 SA-320"黄蜂"发展而来的。在"超黄蜂"的研制过程中,旋翼系统设计、制造和试验曾得到美国西科斯基公司的帮助,主减速器由意大利菲亚特公司提供。

"超黄蜂"是根据法国军方的要求于 1960 年开始研制的。第一架原型机为部队运输型,于 1962 年 12 月 7 日首次试飞。1963 年 7 月,这架原型机创造了多项直升机世界纪录。第二架原型机为海军型,主起落架支柱上带有稳定浮筒,于 1963 年 5 月 28 日首次试飞。随后,又制造了 4 架预生产型机。"超黄蜂"自 1966 年开始交付到 1980 年停产,一共生产了 105 架。

"超黄蜂"旋翼直径 18.9 米,尾桨直径 4 米,机长 23.03 米,机高 6.66 米,机宽 5.2 米,旋翼桨叶弦长 0.54 米,尾桨桨叶弦长 0.3 米,主轮距 4.3 米,前后轮距 6.56 米,空重 6863 千克,最大起飞重量 13000 千克,最大允许速度 275 千米/小时,巡航速度 210 千米/小时,最大爬升率 400 米/分钟,实用升限 3150 米,悬停高度 2170 米,正常航程 820 千米,续航时间 4 小时。

"超黄蜂"能执行多种任务,如运输、撤退伤员、搜索、救援、海岸警戒、反潜、扫雷、布雷等。"超黄蜂"发展了以下几种型号。

(1) SA-321F 客货型。客运时,可载客 34～37

"超黄蜂"直升机

人,也可选用8、11、14、17、23、26座布局;货运时,座舱内的客运设备可迅速拆除,机身两侧各有一个大的流线型密封行李舱,必要时可在水上降落。原型机按美国联邦航空局FAR29条例设计,于1967年4月7日首次试飞,并于1968年6月27日和8月29日分别获得法国民用航空总局和美国联邦航空局的适航证。

(2)SA-321G 反潜型。装有侧向稳定浮筒,海上飞行和反潜用的导航、探测和定位装置及反潜武器。反潜型是"超黄蜂"系列中首先投入生产的型号。第一架SA-321G于1965年11月30日首次飞行,1966年年初开始交付。

(3)SA-321H 空军和陆军型。机身下部两侧没有稳定浮筒或外部整流罩,没有安装除冰装置。

(4)SA-321Ja 通用和公共运输型。主要用于运输人员和货物。用于客运时，可载 27～30 名乘客；用于救护伤员时，可装 3 副担架和 21 个座椅，也可装 15 副担架和一个医务人员用的座椅；搜索救援时，机上可装一个承载能力为 275 千克的起重绞车。货物吊索上可以吊挂 5000 千克外挂载荷飞行 50 千米。SA-321Ja 原型机于 1967 年 7 月 6 日首次试飞。1971 年 12 月获得法国适航证。

"超黄蜂"直升机的组成如下。

（1）旋翼系统。采用 6 片桨叶旋翼，桨毂由两个具有垂直铰和水平铰的六臂星形盘构成。桨叶根部装有变距操纵接头和液压减摆器。桨叶长 8.6 米，等弦长，NACA0012 翼型。采用全金属结构，旋翼桨叶可液压操纵自动折叠。尾桨有 5 片金属桨叶，与旋翼桨叶结构相似。尾桨只有总距操纵，桨叶长 1.6 米，桨叶可以互换。

（2）传动系统。3 台发动机的输出功率通过各自的自由离合器和发动机减速器传到中间传动轴。后发动机和前左发动机共用一根中间传动轴而并车；然后与前右发动机并车，并通过一对伞齿轮输入主减速器；再经过主减速器内的两级游星齿轮驱动旋翼主轴。尾桨由左中间传动轴通过中间减速器及尾减速器驱动。旋翼刹车由中间传动轴带动。旋翼转速低速时为 207 转 / 分钟，巡航时 212 转 / 分钟。尾桨转速 990 转 / 分钟。

（3）机身。采用普通全金属半硬壳式机身，船形机腹由水密隔舱构成。在 SA-321G 上，机身两侧主起落架支撑结构上装有稳定浮筒；尾斜梁可以折叠，以便存放。各型的尾斜梁右侧都带有小型固定安定面。在 SA-321F 上，无稳定浮筒，但在中机身两侧有大型整流罩，可以起稳定浮筒作用，同时可用作行李舱。

（4）着陆装置。采用不可收放双轮前三点起落架，装有油气减振支柱。SA-321G 上的减振支柱可以缩短，以减少机高，便于存放。使用镁合金机轮，尺寸全部一样，轮胎压力 6.89×10^5 帕，也可选用 3.43×10^5 帕的低压轮胎。主机轮上装有液压盘式刹车装置。前机轮可转向和自动定心。

（5）动力装置。采用 3 台 1170 千瓦（1590 轴马力）的透博梅卡公司"透默"ⅢC6 涡轴发动机（SA-321H 上装的是"透默"ⅢE6 涡轴发动机），2 台并列在旋翼轴前方，1 台在旋翼轴后方。燃油装在机身中段地板下的软油箱内，SA-321G/H 燃油总量为 3975 升，SA-321Ja 为 3900 升。各型可选用 2 个 500 升的外部油箱。SA-321G 可选用 2 个 500 升的内部油箱，SA-321H/Ja 机内可放 3 个 666 升的内部油箱。

（6）座舱。"超黄蜂"直升机有 3 种座舱，具体如下。

军用型：驾驶舱内有正、副驾驶员座椅，具有复式操纵机构和先进的全天候设备。SA-321G 有 5 名乘员，装有战术台和反潜探测、攻击、拖曳、扫雷及执行其他任务用的各种设备，可运送 27 名乘客。SA-321H 可运送 27～30 名士兵，内载或外挂 5000 千克货物，或者携带 15 副担架和两名医护人员。主座舱设有通风和隔音装置。前机身右侧有滑动门。液

直-8直升机

压传动的后部装卸（货物）斜板可在飞行中操纵。

民用型：航线客机内设 37 个座椅（如果装厕所，内设 34 个座椅），3 座并排，中间有过道。可选择 8、14、23 座带厕所的布局，或 11、17、26 座不带厕所的布局，剩余的座舱空间用活动隔板隔开，用于运货。在这些布局中，座椅可折起来靠在座舱板上。所有座椅和客舱设备可快速拆卸，便于完全货运。

运输型：执行运送人员任务时，可载 27 名乘客。作为货运机使用时，在货物吊索上可以吊挂 5000 千克的外部载荷。内部货物（达 5000 千克）通过后部斜板式货舱门，利用绞车装载。

（7）作战设备。SA-321G 反潜直升机一般的战术编队为 3 架或 4 架，每架直升机带有全套探测、跟踪和攻击设备，包括一个自主式导航系统、一部配套的多普勒雷达，一部带有应答器和显示控制台的360°雷达，以及提吊式声呐。主机舱两侧各携带两条寻的鱼雷。SA-321G 和 SA-321H 可以装上反舰武器系统，包括两枚"飞鱼"导弹及其发射装置，以及一部用于目标指示的 ORB31D 雷达。

"超黄蜂"的研制过程是国际合作的典范。在旋翼和尾桨的设计和实验制造方面，"超黄蜂"得到了美国西科斯基公司的技术支持，这是一家在直升机领域具有深厚积累和丰富经验的公司。在减速器方面，"超黄蜂"采用了意大利菲亚特公司的杰作。

我国的直-8 是在 20 世纪 90 年代以"超黄蜂"为基础仿制改进的 13 吨级多用途直升机。经过多年的不懈努力，我国成功将那些已经被欧洲淘汰的"超黄蜂"改造成为能与现代欧洲大型直升机比肩的机型。

全球畅销——
意大利 A-109 "燕子" 轻型直升机

A-109 是意大利阿古斯塔公司研制的双发轻型直升机,最初被命名为"燕子",但后来放弃了这个名称。1971 年 8 月首次试飞。1975 年 6 月获得意大利航空注册局和美国联邦航空局适航证,1976 年开始交付使用。

A-109 旋翼直径 11.00 米,尾桨直径 2.00 米,机长 13.04 米,机身长 11.44 米,平尾展长 2.88 米,主轮距 2.45 米,前后轮距 3.54 米,空重 1570 千克,最大起飞重量 2850 千克,最大允许速度 311 千米/小时,

A-109 直升机

最大巡航速度 289 千米/小时，最大爬升率 10.6 米/秒，实用升限 6100 米，悬停高度 5791 米，最大航程 977 千米。动力装置为两台普拉特·惠特尼加拿大公司 PW206C 涡轴发动机，每台起飞功率为 477 千瓦，最大连续功率为 423 千瓦，单发工作时最大应急功率为 546 千瓦，最大连续功率为 500 千瓦。发动机并排安装在后机身上方，发动机之间及发动机与客舱之间用防火墙隔开。装有全权限数字式发动机控制系统和用于发动机管理的液晶多功能显示器。标准燃油容量为 605 升，可选装副油箱，副油箱总容量为 267 升。

下面以 A-109KM 为例，介绍该机的基本构成。

（1）座舱。有一名或两名空勤人员，驾驶员座椅在右侧，可选装双套操纵系统。机舱内可放置 6 个旅客座椅。要人专机布局设 4～5 个座位，设有饮食柜和音乐中心。舱门朝前开，两侧均有旅客舱门。机舱后部有很大空间，可载 150 千克行李，通过左侧朝前开的舱门进出。中间一排座椅可拆卸以便运货。

（2）电子系统。装有 28 伏直流电系统，由 2 个 160 安发电机和 27 安·时的 28 伏蓄电池组成。交流电系统可选装 2 台 250 伏·安或 2 台 600 伏·安 115/26 伏 400 赫兹静变流器，也可选装一台 6 千伏·安交流发电机和一台 250 伏·安的固态变流器。

（3）液压系统。装有两套各自独立的液压系统，一套系统不能工作时，另一套系统能操作主要的制动器。液压系统带有正常的和紧急的蓄压器，用于操纵旋翼刹车，机轮刹车和前轮定中心。

（4）机载设备。主要有甚高频/调幅、甚高频/

调频、超高频、高频、机内通话装置，敌我识别应答机和应急定位器发射机；无线电罗盘、伏尔/定位/仪表着陆系统、测距仪、全球定位系统和甚低频欧米加气象雷达；前视红外探测系统；雷达/激光报警接收机；干扰物布撒器。

（5）**武器系统**。有 4 个挂点，每侧座舱及支架上各 1 个。典型的武器载荷包括：火箭/机枪吊舱，每个吊舱可装 3 枚 70 毫米火箭和 1 挺 12.7 毫米带 200 发子弹的机枪，也可装 7.62 毫米或 12.7 毫米机枪吊舱；7 管或 12 管 70 毫米或 81 毫米火箭发射器；4 枚或 8 枚"陶"式反坦克导弹（在座舱顶部装有瞄准具）。另外，在座舱门口装 7.62 毫米和 12.7 毫米侧射机枪。

A-109 直升机有多种改型，具体如下。

（1）**A-109C 宽机身型**。1989 年获美国联邦航空局型号合格证。动力装置采用艾利逊公司 250-C20R-1 涡轴发动机，单台功率为 335.6 千瓦，传动功率加大到 589 千瓦。采用新的复合材料旋翼桨叶。尾桨桨叶采用"沃特曼"翼型。加固了起落架。最大起飞重量增加到 2720 千克，有效载荷增大 109 千克。1989 年马来西亚订购了 4 架，1989 年 2 月首次交付。

（2）**A-109Max 医疗救护型**。大大扩大了向上开的侧门和整流罩。座舱容积 3.96 立方米，可容纳 2 名驾驶员、2 副担架和 2 名坐着的伤员或医护人员。新的座舱布局由在美国新泽西州的泰特博伦用户飞机装修公司设计。

（3）**A-109K 双发多用途高温高原型**。装两台

538千瓦透博梅卡公司的"阿赫耶"1K1涡轴发动机。第一架原型机于1983年4月首次飞行。A-109K加大了传动功率，采用了新的复合材料桨毂，使用弹性轴承。复合材料桨叶表面有硬化的涂层，可防止沙石和尖硬的尘沙擦伤。采用新的"沃特曼"翼型尾桨。加长的机头可放置附加的电子设备。此外，还可采用高架式不可收放的高性能减振起落架。

（4）A-109K2救援型。卖给瑞士REGA山救援服务队。REGA装备包括：探照灯、绞车、AFDS95-1自动飞行控制系统、活动地图显示器和单驾驶员仪表飞行系统。A-109K2（A-109K的生产型机）于1984年3月首次试飞，体现了计划中规定的生产型特征。1996年底获得美国联邦航空局单驾驶仪表飞行规则型号合格证。瑞士REGA山救援服务队订购了16架A-109K2，1991年12月交付首架直升机，1995年12月交付完毕。

（5）A-109KM军用型。主要用于反坦克、侦察、护航、指挥、电子对抗及搜索救援。安装有固定起落架和滑动门。

（6）A-109KN舰载型。用于反舰、近海巡逻、校射、电子战和垂直补给等任务。

（7）A-109K2执法型。专用的警用型，选装的设备有承载能力907千克的货物吊钩、带50米绳索承载能力204千克的变速救援绞车、SX-16探照灯、扩音器、应急浮筒、全球定位系统、气象雷达、微光电视和前视红外探测系统。

（8）A-109E加大功率型。1995年在巴黎航展上展出，此前已飞行试验了60多个小时。机体与A-109K2类似，采用钛桨毂，通过弹性轴承与桨叶相连。装有PW206C发动机，采用新型高架起落架。1995年底制造出首架生产型直升机，1996年5月31日取得意大利航空注册局仪表飞行规则型号合格证，1996年8月26日取得美国联邦航空局仪表飞行规则型号合格证。在1997年的巴黎航展上展出带综合仪表显示系统座舱的直升机。波兰的PZL-Swidnik公司签订了在1996—2002年期间为A-109E生产机身的合同，1996年制造了7个机身，1997年制造了15个，此后每年制造30个。

（9）A-109EOA型。意大利海军观察型，有加

A-109直升机

长的机头和升高了的不可收放式起落架。动力装置为加大了功率的艾利逊公司 250–C20R 发动机，比艾利逊公司 250–C20B 有更好的高温高原性能。此外，A–109EOA 型还装有滑动舱门、抗坠毁自封油箱、导弹发射架、12.7 毫米机枪、SFIN 陀螺稳定瞄准具和电子战设备。意大利军队订购了 24 架 A–109EOA 直升机，并于 1988 年交付使用。

除意大利、美国、日本、墨西哥等国家外，瑞士 REGA 山救援服务队购买了 16 架 A–109K2，1991 年 12 月至 1995 年 12 月交付；瑞士国防采购局订购了一架 A–109E，于 1997 年 12 月交付；迪拜警察局 3 架 A–109K2，1995—1996 年间交付。截至 1997 年 6 月，A–109E 的订购量达 40 多架。截至 1997 年 10 月，总计生产了 592 架各型 A–109，包括 414 架 A–109A、126 架 A–109C、40 架 A–109K、12 架 A–109E。

空中悍将——
意大利 A-129 "猫鼬" 轻型直升机

A-129（绰号"猫鼬"）是意大利阿古斯特公司专门为意大利陆军航空兵研制的专用轻型反坦克武装直升机，也是欧洲研制的第一种专用武装直升机。该机于1978年开始研制，第一架原型机于1983年9月15日进行了首次试飞，1987年开始服役，具体有空中侦察、轻型攻击、指挥、电子支援/对抗、海军等改型。

A-129 旋翼直径 11.90 米，尾桨直径 2.24 米，机长 14.29 米，机宽 0.95 米，机高 3.35 米，主轮距 2.20 米，前主轮距 6.955 米，空重 2529 千克，燃油重量 750 千克，最大起飞重量 4100 千克，最大允许速度 259 千米/小时，最大爬升率 10.9 米/秒，悬停高度 3750 米，续航时间 3 小时。单旋翼、带尾桨，机身体积小、狭窄，仅宽 0.95 米。重要部位有装甲防护。翼下 4 个挂架，每个挂架最多携带 300 千克武器载荷，最多携带 8 枚"陶"式反坦克导弹、2 挺 7.62 毫米或 12.7 毫米或 20 毫米机枪，或携带 2 个 7 管火箭发射器，也可携带 8

A-129 "猫鼬" 直升机

枚"海尔法"反坦克导弹，或8枚"霍特"导弹，或装"响尾蛇"等空空导弹。它具有全天候反坦克和火力支援能力，也可用来执行侦察和其他多种任务。

20世纪六七十年代，美军在越南的作战中已经显示出直升机的重要作用。1972年8月，美国陆军对先进攻击直升机计划进行招标，最终造就了日后大名鼎鼎的"坦克杀手"——AH-64"阿帕奇"。同时，欧洲作为抵御苏军装甲洪流的第一线，也在酝酿一些类似的计划。1972年，意大利陆军总参谋部试探性地表示需要一种专职反坦克的直升机。当时意大利有两个选择：购买现成的直升机（如AH-1）和改进一种本国现役直升机。因此，意大利进行了AB-205直升机挂载"陶"式导弹的试验，但是试验的结果并不能让意大利陆军满意。而购买AH-1又价格不菲，而且这也会令意大利航空工业难以接受。权衡之下，意大利陆军航空兵决定联合阿古斯塔公司，对A-109进行大幅度改型，项目名称为ELECC轻型巡逻、反坦克直升机。意大利陆军航空兵与此相对应的另外一个计划是研制中型多用途直升机家族，包括战场支援、运输、C3和侦察搜索型直升机。结果，由于资金问题，最终只有第一个反坦克型直升机项目得以继续。

出于多方面考虑，意大利在此项目上并未排斥与其他国家的合作。1975年，阿古斯塔公司同德国MBB公司达成协议，开始A-MBB115轻型攻击直升机的设计工作，但是由于各自的作战需要不同，并且在设计分工上无法达成一致，合作计划最后还是夭折了。德国转为发展由本国MBBBO-105直升机改进的装甲增强型 PAH-1（德文"反坦克直升机"缩写）。后来，PAH-1 成为法国、德国联合研制一种新型重型反坦克武装直升机 PAH-2（或称 HAC，即"反坦克直升机"的法文缩写）的跳板。经过长时间艰难的酝酿，PAH-2 最终发展成为"虎"式武装直升机。在与德国合作发展计划落空后，阿古斯塔公司单独发展了一种过渡型轻型反坦克直升机，当时欧洲其他国家都研制类似的由直升机和反坦克导弹组合而成的武器系统，如英国的"山猫""陶"，法国的"小羚羊""霍特"和德国的 PAH-1、"霍特"。意大利类似型号是在 A-109A/"陶"的基础上改进的。与欧洲盟国不同的是，意大利的这种直升机仅仅是一个过渡机型，而其他国家尚无进一步的发展计划。

1978 年 3 月，阿古斯塔公司同意大利陆军分别以 60% 和 30% 的股份共同投资发展新型武装直升机，即 A-129。阿古斯塔公司重新进行了概念论证。4～4.5 吨级的 PAH-2 对意大利当时的需求来说显得大了一些。同样，基于 A-109 的设计观念也是不合适的。意大利陆军基本要求是采用"陶"式导弹的直升机最大任务重量不能超过 3800 千克（不过后来的"猫鼬"还是超出了这个重量），巡航速度 250 千米 / 小时，海平面爬升率 10 米 / 秒，无地效悬停高度 2000 米，续航时间 2 小时 30 分钟。根据这个指标，阿古斯塔公司进行了全新的概念设计，最后确定的方案为采用串列双座布局和后三点起落架，拥有用于挂载武器的短翼，采用 4 片旋翼和两个发动机短舱，观瞄系统装在机鼻的转塔上。在一些方面，它有点像 1975 年首飞的美国休斯公司的 YAH-64。1982 年 11 月，A-129 的基本设计已经完成。

A-129 的主要装备是 8 枚反坦克导弹，但没有装备机枪或者机炮。另外，作为一种轻型武装直升机，A-129 基本无装甲防护，其生存主要依靠小巧的外形、高超的飞行性能、低红外辐射和低噪声（上述特征均比 AH-64 小很多）。

A-129 是一种令意大利陆军引以为荣的直升机。A-129 的座舱内配备有红外夜视系统，即使在夜间，A-129 也能贴地飞行。最与众不同的是：A-129 的飞

A-129 "猫鼬" 直升机

行员配备有头盔式瞄准系统，前视红外传感器观测到的目标可立即传给驾驶员及副驾驶员的头盔瞄准系统，并在眼镜上显示出目标数据，飞行中的一些数据资料也可以传输到头盔瞄准系统上。副驾驶员兼射手可以利用头盔瞄准系统直接瞄准，并负责操作电视、红外观测系统和激光测距系统。这些设备赋予了A-129全天候及在恶劣天气下的作战能力。由于性能优越，在意大利参加的多次联合国维和和北约军事行动中，A-129都很好地完成了使命。为了使A-129在21世纪也不落后，意大利计划对A-129进行改进，包括加装桅杆瞄准具和激光测距系统等。

"猫鼬"最早执行海外任务是在1993年，参与联合国在索马里的维和行动；2005—2006年，一批A-129C被派到伊拉克；2009—2014年，相继有10架"猫鼬"进驻阿富汗。至于AH-129D的首次海外之旅是2014年11月的阿富汗，目的是在复杂环境中测试"长钉"导弹。自2016年5月以来，共有4架AH-129D参与了意大利地面部队在伊拉克摩苏尔地区同"伊斯兰国"武装的交战，据称表现令意大利军方满意。虽然意大利议会在2016年11月同意研发一款新型武装直升机，但是相关资金仍一直没有着落。根据意大利陆军航空兵的规划，就算新型武装直升机在理想状态下能够在2025年开始服役，"猫鼬"也至少还会再用上10年。

潜艇克星——英国"海王"反潜直升机

"海王"是英国韦斯特兰直升机公司在引进美国西科斯基公司的 SH-3D"海王"直升机基础上研制的先进中型反潜多用途直升机。在开发初期,其军用代号为 HSS-2,公司代号为 S-61。"海王"是西方国家 20 世纪 70—90 年代海上反潜直升机的主力机种。除了执行反潜作战任务之外,"海王"直升机还可以担任搜索、救援、运输等多种任务。

1959 年 3 月 11 日,原型机 HSS-2 试飞,1961 年 9 月开始在英国海军舰队中服役,1962 年 2 月 5 日创造了时速 339 千米的直升机世界纪录。1962 年 4 月,英国空军开始试用 HSS-2,后来成为 CH-3B,11 月,被空军正式接收。1965 年 3 月 6 日,SH-3A 以直线距离 3405 千米的成绩,飞出了横越北美大陆的直升机新纪录。1969 年 5 月 7 日,第一架原型机首次试飞,有"海王"HAS.Mk1、"海王"HAS.Mk2、"海王"HAS.Mk3 等 10 多个改型。使用国有英国、德国、印度、巴基斯坦、澳大利亚等国家。

"海王"最大

英国"海王"直升机

允许速度为 226 千米/小时，实用升限为 1220 米，作战半径为 330 千米，航程为 1482 千米。机身长 17.02 米，机身宽 4.72 米，最大内部载重 3628 千克。机上安装了先进的无线电和导航设备。值得一提的是，"海王"机腹下安装了防护钢板，可以抵挡轻武器的袭击，即使被重机枪击中也会安然无恙。"海王"可载 22 名海上遇难者或 28 名士兵或 9 副担架，也可载 6 副担架加 15 个座椅。

1982 年 5 月 5 日，由英国韦斯特兰公司和桑·依玛公司开始联合实施"低空监视任务"的紧急计划，以"海王"反潜直升机为平台，装备"搜水"雷达。由于任务紧迫，他们仅用 11 周时间就完成了平时需要花费两年时间的改装工作，成功地将两架"海王"

英国"海王"直升机

反潜直升机改装为预警直升机（XV650、XV704）。

1982年7月23日，"海王"预警直升机首次试飞取得成功，随即正式加入英国海军服役。此时，马岛硝烟已经散尽，战火催生的"海王"预警直升机未能在实战中显示身手。8月2日，当时仅有的两架"海王"预警直升机，搭载在刚刚建造完毕的"卓越"号航空母舰上前往南大西洋试航。随后，韦斯特兰公司又改装8架，总共发展出10架"海王"预警直升机，并被正式命名为"海王"AEW.Mk2。

"海王"预警直升机在英国海军演习中都表现出良好的性能，于是英国海军在1984年11月正式建立了第一支舰载预警直升机中队——第829海军空中支援中队，共装备8架"海王"预警直升机。其中，担负作战任务的两个飞行分队各有3架，用于飞行员训练的直属分队有2架。

"海王"预警直升机的主要作战任务是搜索低空飞行的飞机和掠海飞行导弹，并通过数据链将目标信息传送给舰载情报指挥中心，因此应具有远距离发现空中飞行目标和海上运动目标的能力。然而，与固定翼预警机有所不同的是，直升机改装成预警机时，由于动力装置和旋翼结构的限制，雷达天线无法安装到机身上部。面对这一难题，韦斯特兰公司独辟蹊径，将天线安装在机身的侧面。

1995年7月底，波黑地区战事不断，英国维和部队的一架"海王"武装直升机从克罗地亚的一个基地起飞，飞往波黑中部执行维和任务。当直升机飞到萨拉热窝上空时，飞行员突然感到机身腹部有些异样，紧接着又感到机身被击中。飞行员一边操纵飞机一边向地面指挥部报告：我被地面火力击中，请求空中支援！地面指挥部立即命令飞行员在萨拉热窝附近的波黑中部某地降落。飞行员凭借着高超的驾驶技术，使这架被地面炮火击中的直升机摇摇晃晃地降落在草坪上。当飞行员走下直升机，看到被击中的部位后大吃一惊：直升机的油箱被击中，开始渗油；机身上被打出许多小孔，一些线路被打断。如果再晚一点儿降落，或者飞行员技术不过硬，那么后果不堪设想。事后，飞行员对记者说：直升机之所以能带伤安全着陆，除了飞行员的技术外，"海王"性能好和易操纵也是一个十分重要的因素。

随着时间的推移，"海王"预警直升机逐渐暴露出性能上的不足，难以满足英国海军21世纪初海上作战的需要。为此，英国海军在继续沿用"海王"平台的基础上，重点对机载探测设备进行了全面升级，以增强海上搜索能力，发展出"海王"AEW.Mk7型预警直升机。

从"海王"预警直升机的发展过程可以看出，英国海军利用现役直升机平台，通过合理的结构设计，及时地改装出一种简易实用的舰载预警直升机，具有机动性好、适应性强的特点，从而弥补了航母舰队的早期预警力量的不足。与此同时，英国海军不忘马岛之战中特混舰队防空警戒力量严重不足的惨痛教训，从1997年开始论证以"海鹞"垂直/短距起降战斗机、EH-101直升机或V-22倾转旋翼飞机等平台为候选方案的新一代舰载空中预警系统，从而为建造新一代航空母舰做好了初步准备。

马岛战争的明星——英国"山猫"多用途直升机

"山猫"是英国韦斯特兰直升机公司和欧洲直升机法国公司联合研制的多用途直升机,可执行战场攻击、反坦克、侦察、为运输直升机护航、搜索和救援、联络和指挥、后勤支援、货物和兵员运输等多种任务。第一架原型机于1971年3月21日首次试飞,"山猫"除生产了8架原型机和5架预生产型供试验用以外,还向英国陆军交付113架,向英国海军交付60架,向法国海军交付26架,向荷兰海军交付24架,合计生产了350多架,遍布10余个国家。主要型别有:"山猫"AH.Mk1、"山猫"HAS.Mk2、"山猫"HAS.Mk3S、"山猫"HAS.Mk3、"山猫"HAS.Mk3GM、"山猫"Mk5、"山猫"HAS.Mk8、"山猫"AH.Mk7 等。

"山猫"直升机

"山猫"旋翼直径12.80米,尾桨直径2.21米,机长15.16米(旋翼、尾桨转动),机宽2.94米(旋翼桨叶折叠),机高2.96米(至桨毂顶部);基本重量2658千克,最大起飞重量4535千克;最大巡航速度259千米/小时,最大爬升率756米/分钟,悬停高度3230米(无地效),最大航程630千米。执行反坦克、武装护航等任务时,可以携带20毫米机炮、7.62毫米机枪或火箭弹发射器和各种反坦克导弹。海军型的"山猫"可携带鱼雷、深水炸弹或空舰导弹等攻击武器。

"山猫"总体布局为4片桨叶半刚性旋翼和4片桨叶尾桨。陆军型和海军型旋翼桨叶可人工折叠。海军型尾斜梁可人工折叠。陆军型着陆装置为不可收放管架滑橇,海军型为不可收放前三点式起落架。座舱可容纳1名驾驶员和10名武装士兵。舱内可载货物907千克,外挂能力为1360千克。早期出口型动力装置装为2台"宝石"2涡轴发动机,单台最大应急功率671千瓦(912轴马力)。后来的型号动力装置装为2台"宝石"V41-1或41-2涡轴发动机,单台最大应急功率835千瓦(1135轴马力),或换装"宝石"43-1涡轴发动机,单台最大应急功率846千瓦(1150轴马力)。

"山猫"的特点是速度快、隐蔽性和机动性好、火力强、可全天候作战、易于操纵和维护。"山猫"可执行多种任务,其中:陆军型可执行反坦克、搜索和救援、武装护航等任务;海军型不仅能够反潜,而且还能对水面目标、陆地目标和空中目标实施攻击。

1982年4月，英国和阿根廷为争夺马尔维纳斯群岛发生了战争，4月25日6时许，英国海军"山猫"在巡逻中发现了阿根廷"圣菲"号潜艇，用深水炸弹、导弹和机枪火力将其击伤，出现了这样有趣的一幕：英国直升机用机枪扫射阿根廷"圣菲"号潜艇，阿根廷"圣菲"号潜艇同样用机枪和反坦克导弹攻击英国直升机，双方打得火热，但均不能给对方造成实质性的伤害。阿根廷"圣菲"号潜艇最后用仅存的动力全力冲向岸边搁浅，确保这些艇员不会葬身大海。

搁浅的阿根廷"圣菲"号潜艇

在整个战争期间，英军的"山猫"还击沉和重创了阿根廷巡逻艇各1艘，并参与了击沉阿根廷货船"卡尔兴拉尼亚河"号的战斗。在1991年年初的海湾战争中，"山猫"再显身手，其中：1月30日，英国海军特遣舰队的"山猫"发射"海鸥"空舰导弹，击沉了3艘伊拉克舰艇，其中包括重型扫雷艇和导弹巡逻艇各1艘；2月8日，"山猫"在科威特

"山猫"发射"海鸥"空舰导弹

近海再次击沉伊拉克快艇 1 艘；2 月 12 日，英国海军又一次出动"山猫"，对在科威特海域游弋的数艘伊拉克高速巡逻艇发起攻击，用"海鸥"空舰导弹击沉 1 艘。这样，英国海军特遣舰队在 2 周时间内使用"山猫"击沉了 5 艘伊拉克海军舰艇。

1982 年，7 架"山猫"为庆祝英国陆军航空兵成立 25 周年表演助兴，并正式组建了世界第一支直升机飞行表演队——"蓝鹰"。"山猫"是全球第一款真正意义上的特技飞行直升机。1972 年，1 架"山猫"以 321.7 千米的时速打破了两项世界直升机飞行速度纪录。飞行员形象地说，咆哮起来的"山猫"简直就是一辆空中赛车。随着 2020 年"蓝鹰"表演队暂停飞行，"山猫"的"赛车"旅程也戛然而止。

萌萌的凶兽——
英国 AW159 "野猫"武装直升机

AW159 "野猫"是英国阿古斯特·韦斯特兰公司在"山猫"的基础上研制的新型武装直升机,早期命名为"未来山猫",最后正式定名为"野猫"。

"野猫"旋翼直径 12.8 米,最大起飞重量 6000 千克,乘员 2 人,最大速度 291 千米/小时,机长 15.24 米,最大航程 777 千米,机高 3.73 米,续航时间 1.5 小时。

2009 年 11 月 12 日,"野猫"成功进行首次飞行。2012 年 7 月 11 日,阿古斯特·韦斯特兰公司在英国范堡罗航展上向英国国防部交付首架"野猫"。英国陆军和海军向阿古斯特·韦斯特兰公司订购了 62 架"野猫",用于替换其现有的"山猫"。其中,英国陆军有 34 架,海军有 28 架。2013 年 1 月,"野猫"赢

"野猫"直升机

得了首个出口订单,韩国海军采购了8架,价值15.6亿美元。

"野猫"主要用于反舰、武装保护和反海盗等任务,同时还具备反潜战能力。"野猫"虽然是在"山猫"的基础上改进而来的,但两者的差异极大。"野猫"有95%的零部件是新设计的,仅有5%的零部件可与"山猫"通用,包括燃油系统和主旋翼齿轮箱等。"野猫"的尾桨经过重新设计,耐用性更强,隐身性能也更好。"野猫"采用两台LHTEC CTS800涡轴发动机,单台功率为1016千瓦。"野猫"的主要武器为FNMAG机枪(陆军版)、CRV7制导火箭弹和泰利斯公司的轻型多用途导弹。海军版"野猫"装有勃朗宁M2机枪,还可搭载深水炸弹和鱼雷。

"野猫"直升机

技术先锋——
德国 BO105 多用途直升机

BO105 是德国伯尔科夫公司于 20 世纪 60 年代研制的多用途武装直升机，曾被全球 40 多个国家和地区使用。

1962 年，伯尔科夫公司根据对民用市场、军用要求、技术发展趋势和自身技术水平的调查研究，提出了研究新式直升机的计划，用于侦察、反坦克及联络，商业上可用于邮政快递、资源勘探、电视电台报道及森林防火。1962 年 7 月，新式直升机开始初步设计，1963 年开始风洞试验，1964 年开始试制 3 架原型机。为了保证安全，在 1966 年试飞的第一架原型机没有装刚性旋翼，而是采用了普通旋翼和两台艾利逊公司 250–C18 涡轴发动机，后来因发生地面共振而损坏。第二架原型机于 1967 年 2 月 16 日试飞。第三架原型机于 1967 年 12 月 20 日试飞，装有两台曼透平公司 6022 型涡轴发动机。

20 世纪 70 年代初，BO105 正式定型并开始批量生产，主要型号有 BO105C、BO105CB、BO105D、BO105CBS、BO105L、BO105M、BO105LS 等。截至 1995 年 1 月，BO105 各种型别共计交付 1329 架，主要用户包括墨西哥海军（12 架）、西班牙陆军（70 架）、德国内务部（22 架）、瑞典陆军（20 架）、空军（4 架）、荷兰陆军（30 架）。1997 年韩国陆军选用 BO105 用于侦察和联络，从 1999 年起在韩国组装 12 架。目前，欧洲直升机公司已经开始生产 EC135，以

BO105 直升机

取代各国现役的 BO105 民用直升机。法德两军也已使用"虎"式直升机代替 BO105。

BO105 空重 1276 千克,最大起飞重量 2500 千克,乘员 2 人,最大速度 270 千米/小时,机长 11.86 米,最大航程 575 千米,机高 3 米,最大升限 5180 米,旋翼直径 9.84 米,爬升率 8 米/秒。

BO105 的主要特点是采用只有变距铰的钛合金桨毂,并装有刚性旋翼和挠性玻璃钢桨叶。这是第一次在生产型直升机上采用玻璃钢桨叶和只有变距铰的桨毂。玻璃钢桨叶采用非对称的 NACA23012 翼型,平面形状为矩形,其中有两片桨叶在拆去固定螺栓后可折叠。

BO105 的机身为普通半硬壳式结构,座舱前排为正、副驾驶员座椅,座椅上有安全带和自动上锁的肩带,必要时可以选用第二套操纵装置。后排长椅可坐 3～4 人,也可拆除后排座椅后换装两副担架或货物。

座椅后和发动机下方的整个后机身都可通过后部两个蚌壳式舱门装载货物和行李。机舱每侧都有一个向前开的铰接式可抛投舱门和一个向后的滑动门。

BO105 使用普通的滑橇式起落架，舰载使用时可以改装成轮式起落架，海上使用时可以加装应急漂浮装置，需要时在 3 秒钟内即可充气完毕。

BO105 可携带"霍特"（6 枚）或"陶"式（8 枚）反坦克导弹，还可选用 7.62 毫米机枪、6 管速射机枪、20 毫米 RH202 机炮及无控火箭弹等。空战时，还可使用法国制造的玛特拉 R550"魔术"红外制导空空导弹。

BO105 的座舱和行李舱的地板是胶接铝夹芯板，

BO105 直升机发射导弹

中国民航涂装的 BO105 直升机

机身腹部壁板也为夹芯结构。后舱门、发动机整流罩和前、后机身壳体等部件是层压玻璃钢。发动机舱用钛防火材料包起来。BO105 的旋翼桨叶被机枪子弹命中后，仍有 200 小时剩余疲劳寿命。

BO105 的动力来源为两台涡轴发动机，每种型号采用不同的发动机，主要是美国艾利逊公司 250-C18、250-C20、250-C208、250-C28 和 250-C28C 涡轴发动机。其中，250-C20B 发动机单台功率为 313 千瓦，单台最大连续功率为 298 千瓦。一个软油箱装在座舱地板下，容量为 580 升。转场时，货舱里可安装副油箱，每个容量 200 升。装整套副油箱时可增加 29.5 千克重量，航程可增加 475 千米或增加 2 小时 50 分钟续航时间。

空中利刃——欧洲"虎"式武装直升机

"虎"式武装直升机是由欧洲直升机公司研制的单旋翼、双发多任务武装直升机。在20世纪70年代，专用武装直升机在各大局部战争中表现出色，成为各国军队竞相研制的装备。当时法国装备了"小羚羊"武装直升机，德国装备了BO105P（PAH-1）武装直升机，但两者都是从轻型多用途直升机改进而来的。因此，两国谋求以合作形式，研制一种专用武装直升机。"虎"式的研制工作起始于20世纪70年代末期，原型机于1991年4月首飞，并在2001年开始服役，成为欧洲著名的先进武装直升机。从发展过程特点来看，"虎"式在研制过程中，其论证阶段达10余年之久，可以说是世界军用直升机发展史上在论证和决策上持续时间最长的机型之一。

"虎"式武装直升机

从 1975 年 11 月起，德国和法国的国防部长交换共同研制反坦克直升机的信件算起，到 1989 年 11 月正式授予研制合同，并把研制的武装直升机取名为"虎"式，前后用了 14 年的时间进行谈判和论证。在此后的研制过程中，由于经费不足，致使计划一拖再拖，在 2002 年才交付使用。在漫长的 30 多年研制过程中，世界形势发生了重大变化，对"虎"式的要求也发生了变化，因此原计划要研制的基本型号也有所改变。

"虎"式计划是 1984 年正式开始的，那时法国和德国签订了一项谅解备忘录，研制取代"小羚羊"和 BO105P（PAH-1）的轻型攻击直升机。备忘录对将要研制的新的武装直升机所提出的战术技术要求，能够满足德国陆军的要求，为此，德国陆军中止了购买美国"阿帕奇"的计划。当时，德国陆军已有 150 名军官就"阿帕奇"的使用、维护接受过美国陆军的培训。从修改上述备忘录到两国的制造商（法国宇航工业公司和德国 MBB 公司）正式达成研制协议，就跑了一次"马拉松"，用了整整 5 年的时间。该协议把要研制的轻型武装直升机正式命名为"虎"式。计划研制两个主要类型：火力支援型和反坦克型，共 3 个型号，即法国的火力支援型 HAP、反坦克型 U-TIGER 和德国的反坦克型 PAH-2。按原来的研制计划，反坦克型直升机 HAP 和 PAH-2 将分别于 1998 年和 1999 年向法国和德国交付。1995 年 6 月 30 日双方商定，首批生产的"虎"式先向法国交付，共 10 架，交付时间为 1999 年。同年 11 月，由于法国提出要推迟付款，因此交付时间随之推迟到 2001 年。1996 年 5 月，法国又改变了主意，致使交付时间进一步推迟。

无独有偶。1996 年 10 月，德国由于财政原因，也提出将"虎"式的生产日期推迟 1 年。不过，他们打算通过加快生产进度来补偿这推迟的 1 年时间，以保证在 2001 年能投入部队使用。按计划，到 2006 年将交付 50 架，此后再放慢生产交付速度。"虎"式的反坦克型，即法国陆军用的 HAC 和德国陆军用的 PAH-2，主要用于攻击敌人坦克和阻止敌人坦克的大规模攻击；火力支援型 HAP，只供法国陆军使用，主要作为空中轻骑兵执行快速反应任务。

"虎"式机身长 14.00 米，机高 3.81 米，翼展 4.32 米，主轮距 2.40 米，后主轮距 7.95 米，旋翼桨盘 132.70 平方米，尾桨桨盘 5.72 平方米，基本空重 3300 千克，任务起飞重量 5300～5800 千克，最大过载起飞重量 6000 千克，巡航速度 250～280 千米/小时，最大爬升率大于 10 米/秒，悬停升限大于 2000 米，续航时间 2 小时 50 分。

"虎"式具有的主要优势如下。

（1）隐身性好。"虎"式的正面外形窄小并尽量采用减少阳光反射的平板风挡玻璃，使其雷达截面积很小，民用空中交通管制雷达探测不到它。在法国马里尼安的国际机场，不允许"虎"式不开功能应答机飞行。"虎"式采用红外抑制装置（用冷空气与热排气混合使排气降温）、低噪声旋翼桨叶（其噪声比国际民航组织对民用飞机的要求标准还低 5～6 分贝）

和能降低红外辐射的涂料。与采用毫米波探测与跟踪雷达的"长弓阿帕奇"不同,"虎"式采用全被动式作战系统,这些系统协同工作使"虎"式难以被敌方探测到。德国陆军的反坦克与支援型(UHT)和法国陆军的反坦克型(HAC)装有旋翼主轴瞄准具,从而使直升机能躲在掩蔽物后面观察敌人。此外,还在"奥斯里斯"探测协同中应用了远红外传感器。

(2)**易损性低**。为降低对敌火力的易损性,"虎"式采取了一系列措施:协同中有很高的余度,包括所有的线路都完全隔开;主减速器具有30分钟的干运转能力;2台发动机用隔框隔开;关键部位有装甲防

"虎"式武装直升机

护；采用弹击容限复合材料桨叶，使尾桨与减速器能抵御 7.62 毫米枪弹的射击，旋翼桨叶能抵御 12.7 毫米枪弹的射击；采用容限复合材料机身；有惰性气体装置的自密封油箱；驾驶员与射手有装甲座椅；有防电磁脉冲影响的屏蔽。提高简单性和减少故障的措施是在尾部采用新的安定面。这种安定面的优点是没有运动部件，较轻、便宜、可靠和安全。如果安定面有襟翼或本身是可动的，则需要有 3 余度保障不出故障。另一个优点是在野外作战时，安定面可由地勤人员用作维护尾桨的平台。

（3）**耐坠毁性高**。如果"虎"式与地面撞击，那么乘员有较大的生存机会，且不受重伤。机身底部有耐坠毁结构，装有耐坠毁座椅、耐坠毁油箱、高吸能起落架、自密封管路，采用复合材料机身。"虎"式以 6 米 / 秒的下降速度垂直撞击地面时不会损坏，以 10.1 米 / 秒的下降速度撞击地面时将损坏，但乘员能生存。对此，欧洲直升机公司曾有过一次经历。1998 年 2 月在澳大利亚招标期间，第 4 架"虎"式原型机在某夜间用夜视镜进行飞行表演时迷失了方向而坠毁在澳大利亚汤斯维尔附近，当时飞机是以 6 米 / 秒的垂直速度和 111～129 千米 / 小时的前飞速度撞击地面的，2 名飞行员都没有受伤，飞机只是轻微燃烧。

（4）**可靠性高**。"虎"式每 1000 个飞行小时发生的故障不足 250 次，每 1000 个飞行小时任务失败不到 28 次，其中包括在极恶劣的气象条件下飞行。在验证飞行期间，即使温度在 45℃时，"虎"式也没有使用空调。"虎"式的使用率高于 97%。荷兰的"阿帕奇"有时由于没有零备件和缺少熟练维护人员而使使用率降低到60%。"虎"式易于在机库和野外进行维护，定期维护间隔大于400小时，平均修复时间小于50分钟，每飞行小时的维护时间少于4小时。"虎"式在设计时就以易于维护和减少后勤保障为原则，具体体现在：发动机快速拆换；在核生化条件下可换件；旋翼的4片桨叶可折叠；易于在没有整备的野外场地维护；能用C-130或C-160运输机空运，但空运时要拆下尾部水平安定面、旋翼桨叶和短翼，并暂用底架代替起落架。拆卸并装机能在2.5小时内完成。由于A400M"空中客车"运输机的机舱较宽、较高，因此容易装运"虎"式。

"虎"式的研究历程深刻地反映了欧洲政治、军事、经济的一些根本问题。一方面，欧洲各国力图联合在一起，依靠欧洲自己的力量在军事装备领域独立发展，以摆脱美国对欧洲的控制；另一方面，欧洲各国即便是联合在一起，力量仍与美国有一定差距，且各国间的科研、财政能力有很大差异，这直接导致欧洲"独立"的努力历经磨难。可以说，该计划的拖延使得在20世纪80年代末还较为先进的"虎"式渐渐显得落伍，与AH-64、AH-64D、Ka-50、RAH-66相比形同鸡肋。如果法德两国再不迅速解决这些问题，恐怕"虎"式正式服役时，已经变成老掉牙的老虎了。

空中多面手——
欧洲 EH-101 "灰背隼" 多用途直升机

EH-101（绰号"灰背隼"）是英国、意大利联合研制的多用途直升机，可用来运送特种部队，或从舰艇和航空母舰上为两栖任务提供支援。EH-101 "灰背隼"于 1987 年 6 月成功首飞，1990 年开始服役。"灰背隼"的主要用户包括英国皇家海军、英国皇家空军、意大利海军、阿尔及利亚海军、丹麦皇家空军、印度空军、葡萄牙空军、日本海上自卫队和日本东京警视厅等。首架 EH-101 是皇家海军型号，编号 RN0l/ZH821。1998 年 11 月首架生产型 EH-101 交付英国皇家海军。而意大利海军的 EH-101 则拖至 1999 年 12 月 6 日交付。

"灰背隼"主旋翼直径 18.59 米，尾旋翼直径 4.01 米，机长（主旋翼未折叠）22.81 米、（主旋翼和尾旋翼折叠）15.75 米，宽度（主旋翼未折叠）4.52 米、（主旋翼和尾旋翼折叠）5.49 米，高度（主旋翼未折叠）6.65 米、（主旋翼和尾旋翼折叠）5.21 米，主轮距 4.55 米，前后轮距 6.98 米，卸货舱门高度 1.55 米、宽度 1.83 米，货物 R9 舱高度 1.38 米、宽度 0.55 米，后部卸货舱门高度 1.95 米、宽度 2.26 米。典型作战环境下，平均巡航速度 278 千米/小时，最大航程巡航速度 259 千米/小时，最大续航时间巡航速度 167 千米/小时，升限 4575 米。航程为 4 具油箱 1129 千米，5 具油箱 1389 千米。转场航程为 4 具副油箱 2093 千米。

"灰背隼"直升机

"灰背隼"的机身结构由传统和复合材料构成,设计上尽可能采用多重结构式设计,主要部件在受损后仍能起作用,座舱玻璃框架采用复合材料,由韦斯特兰公司航空部门的先进复合材料制造工厂制造,可以抵挡重1.8千克、飞行速度296.5千米/小时的飞鸟的正面撞击。

"灰背隼"采用了性能和安全性都比较高的5片式主旋翼,主旋翼结合了两种可变截面翼剖型和后掠的翼梢,性能比传统旋翼高出30%。主旋翼叶片使用了大量的碳纤维,叶片后缘及离心力大的部位在使用碳纤维材料后可以加强韧度和抗扭转强度,叶片沿翼展方向则采用了玻璃纤维,这种以复合材料制成的叶片对材料的抗疲劳性能将有很大的提高,其抗疲劳性能将是一般材料的4～5倍。

"灰背隼"装有3台涡轮发动机,总重13吨,机身大小和"海王"相近,有效载重6吨,比"海王"大了50%。各型"灰背隼"的机身结构、发动机、基本系统和航空电子系统基本相同，不同之处在于执行不同任务时所需的特殊设备。各型号使用的发动机型号略有不同，主要包括罗尔斯罗伊斯公司 RTM-322、通用电气公司 T700-GE-T6A，以及 CT7 系列中专用于海洋作战的 MK-104 型发动机。燃油系统包括 3 个主燃油箱，每个燃油箱提供 1 台发动机的燃油供应，油箱之间通过交叉馈送系统相连接。

海军及民用的两型直升机都在典型起飞重量的情况下进行了试验，海军型还进行了挂载武器的试验。在大部分的试验中，"灰背隼"都能够在 4～5 级海况下正常起降，这比一般要求（3 级海况）提高了不少。

历时 8 个星期的试验结果显示，即使发生了浮囊损坏的恶性事故，飞机满载正面迎风，也能够经受得起 4 级海况的考验。试验结果还显示，"灰背隼"能够在总重 13000 千克且以每分钟 90 米的下降率下降时，在结构损坏最小的情况下，能以高达 70 千米/小时的前进速度顺利地降落在平静水面上。如果没有额外的载重且机头以 5°仰角入水，直升机可以在 87 千米/小时的前进速度下着水。在一般逆浪降落时，飞行员应该将直升机降落在波浪的背侧，并且将飞行速度降低至 28 千米/小时。此外，"灰背隼"的机体结构还能承受 35 米/秒的坠落速度而不伤及机上的成员。

在试飞中发现，"灰背隼"的性能、操纵性、振动、噪声等都非常令人满意。皇家海军的飞行员称，"灰背隼"的操控性能非常优秀，在试飞中的表现和

英国皇家海军"灰背隼"直升机

用模拟器预估的性能非常接近。至 2002 年 11 月,"灰背隼"累计飞行时间超过 27000 小时,交付数量已经超过 80 架。

"灰背隼"具有全天候作战能力,可用于执行运输、反潜、护航、搜索救援、空中预警和电子对抗等任务。执行运输任务时,"灰背隼"可装载两名飞行员和 35 名全副武装的士兵,或者 16 副担架加一支医疗队。

英军曾在伊拉克战争中投入"灰背隼",其表现较为抢眼。英国空军第 28 中队曾驻扎在伊拉克南部巴士拉空军基地,其配备的"灰背隼"是新改型,称为"灰背隼"HCMK3。在 2005 年 4 月部署到伊拉克之前,人们都认为"灰背隼"不能承受那里的环境条件。事实证明,"灰背隼"在伊拉克的表现好得出人意料,适应恶劣环境的能力极强,可靠性较高。在驻伊拉克英军装备的几种直升机中,"灰背隼"的完备率达 84%,"海王"的完备率约为 50%,"山猫"的完备率为 70%。

空中小强——
欧洲 AS555 "非洲狐"轻型直升机

AS555（绰号"非洲狐"）是由欧洲宇航防务与空间公司的欧洲直升机子公司制造的舰载轻型直升机，分为 SN 和 MN 两个版本，前者属于战斗型，而后者不装备武器，两者都可服务于各国海军。

"非洲狐"空重 1220 千克，最大起飞重量 2250 千克，乘员 2 人，最大速度 246 千米 / 小时，机长 12.94 米，最大航程 648 千米，机高 3.34 米，最大升限 5280 米，旋翼直径 10.69 米，爬升率 10.3 米 / 秒。除 AS555 外，这种系列的直升机还包括 AS355 "松鼠"民用双引擎直升机、AS550 "非洲狐"单引擎军用直升机、AS350 "松鼠"民用直升机和 EC130 民用直升机。该系列直升机的产量已超过 3150 架，其用户遍布全球 70 多个国家。

"非洲狐"直升机

"非洲狐"生产基地位于法国马力格纳。欧洲直升机公司还从巴西获得了军事装备合同,部分AS555直升机将在那里建造,并服役于巴西军队。"非洲狐"在南美洲国家享有良好口碑,目前在巴西、哥伦比亚和阿根廷三国海军中均可以见到它的身影。2001年10月,马来西亚空军曾订购了6架SN系列直升机,2003年交付完毕并投入现役,主要用于训练、侦察和捕捉超视距目标。在欧洲,"非洲狐"还服役于法国军队。

"非洲狐"主机身两侧分别设有一个滑门,在主舱室后是一个大行李舱,与主舱室之间有一个小门相连。"非洲狐"拥有搜索和营救绞盘,配备可承重

"非洲狐"直升机

1134千克的货物挂钩，可用于抢救伤员。此外，"非洲狐"还配有电子光学传感器、前视红外监视仪和探照灯。额定驾驶员2名，可搭载4名乘客。

"非洲狐"可以装备多种武器系统，以满足多种地域和地形对军事活动的需求。"非洲狐"主要用于执行舰载作战任务，配有反潜装置和海平面目标定位系统。在攻击武器方面，"非洲狐"配备轻型自动寻的鱼雷。法国军队中服役的"非洲狐"装有20毫米M621机炮、T-100瞄准器和"西北风"导弹，还能配备"派龙"挂架安装火箭。

"非洲狐"的机身使用轻型合成金属材料，采用了热力塑型技术。主旋翼中央叶毂相同径向三叶片对称配置螺旋桨也采用了合成材料，以便减轻机体重量，同时增加防护力。"非洲狐"装备两具法国产涡轴发动机，持续输出动力达302千瓦，起飞功率357千瓦，并配备有完全效用数字电子操控系统，能使发动机在适宜的温度和转矩范围内有效运转。

"非洲狐"拥有两个油箱，可载油730升，能保证在载运两名救生者情况下，巡航距离达到129千米。如果必要时进行长距离巡航，那么"非洲狐"还有475升的额外载油量。在未载运额外人员的情况下，"非洲狐"的最大巡航距离达648千米。

"翼"海拾贝——其他国家直升机

美国是世界上拥有武装直升机最多的国家，苏联/俄罗斯则在重型多用途直升机领域独步天下，欧洲国家直升机技术在创新方面也有所突破，南非、印度、日本、韩国、伊朗等国家也在积极发展国产的军用直升机。南非的"茶隼"诞生于非洲，也适用于非洲，尽管姗姗来迟，却也称得上"辉煌"。日本和美国合作制造了不少型号的直升机，其直升机配备谱系相对完整，军用直升机性能处于世界领先水平。韩国在国产道路上跌跌撞撞，军用直升机老旧机型过多，原计划订购150余架KUH-1直升机，但因坠机事故使得该项目前景不明。印度空军拥有全球中绝大多数的直升机，由于型谱缺口大、老旧机型多等因素，印度可能会成为世界最大的军用直升机市场。伊朗地形以山地、高原为主，非常适合使用直升机，为此一直希望提高国产直升机水平，而仿制手头现有的欧美装备就是一条不错的捷径。

低空小精灵——南非"茶隼"攻击直升机

"茶隼"直升机是南非阿特拉斯飞机公司（丹尼尔航空公司的前身）研制的先进攻击直升机。2012年4月1日，在丹尼尔航空公司位于约翰内斯堡工厂举行的交付仪式上，南非空军卡罗·贾基诺中将正式接收了5架"茶隼"武装直升机。同时，"茶隼"的型号合格证也在该仪式上被正式授予。贾基诺称"这是南非空军的一个历史性时刻"。丹尼尔航空公司首席执行官泰利·萨迪克补充说，"茶隼"是独一无二的，它的诞生代表了南非工程和先进制造能力的胜利。"茶隼"主要用于执行反坦克、纵深突袭、近距空中支援、护航和侦察等任务。

"茶隼"的设计开始于1984年末，阿特拉斯飞机公司为此采取了慎重的研制方法，制造了基于SA330L"美洲豹"的XTP-1和XTP-2（用于实验性的试验平台）概念验证和系统试验台，用于武器、航空电子系统及材料的试验。

"茶隼"动力系统采用两台法国透博梅卡公司的涡轴发动机，空重5910千克，最大起飞重量8750千克，内装最大燃油量1469千克；最大飞行速度309千米/小时，巡航速度278千米/小时，最大爬升率（双发工作）670米/分钟和512米/分钟（单发工作），最大航程700千米（内装燃油）和1130千米（外装燃油），最大悬停高度5029米（无地效）和5547米（有地效）。

代号为XDM的第一架"茶隼"原型机（实验发

"茶隼"直升机

展型）可谓生不逢时。XDM于1990年1月15日下线，1990年2月11日首飞，此时正值纳米比亚从南非独立的前一个月。由于纳米比亚的独立，南非不再需要"茶隼"，因此政府叫停了该项目。尽管"茶隼"项目受预算缩减困扰多年，但阿特拉斯飞机公司一直坚持"茶隼"这个非洲唯一的专用武装直升机研制计划，政府暂停对其资助后，该项目主要由公司自有出资，期望获得出口用户的青睐。1992年，"茶隼"的先进验证型（ADM）首飞成功，1996年11月工程发展型（EDM）首飞成功。尽管看起来像是一架全新的直升机，但实际上，"茶隼"采用了一些从"美洲豹"和"超美洲豹"反向设计的零部件，包括后者的发动机。对于南非来说，由于缺乏必要的时间、经费、经验和技术，白手起家完全自主设计一架武装直升机是不现实的。"茶隼"的旋翼头和主起落架为法国制造，旋翼桨叶和主、尾减速器部件为法国设计、本地制造。

"茶隼"的显著特点如下。

（1）**设计思想先进**。"茶隼"是按照能满足多种作战需求、高效费比和符合美国军事标准的要求设计的。在设计时，充分应用了南非在安哥拉战争中使用直升机的经验，特别强调空中机动这一性能，因而使得该机在作战使用上独树一帜。

（2）**火力猛，接口灵活**。其武器接口符合北约标准，故便于改装和灵活地混合携带各种武器。

（3）**战术机动性好**。能独自远距离（1130千米）部署，并留有45分钟备用时间；战场作战无须支援保障，待机时间6小时；能用C-130运输机空运。

（4）**机载设备齐全**。安装一体化的数字管理系统，座舱工作负荷小，可为飞行人员了解战场态势提供更多的时间；采用战术移动地图显示，任务计划计算机化；具有有害辐射和系统状态监视设备；有电子战传感器和目标信息库。机内测试设备测量范围广。

（5）**能昼夜作战**。即使在天气恶劣或者有烟尘的情况下，也能昼夜出其不意地进行战术突袭。

（6）**野外维护保障简便**。维护简易，用最少的零备件即可在现场维修；再次作战飞行准备快。

"茶隼"原定的主要任务是在有各种苏制地空导弹的高威胁环境中进行近距空中支援和反坦克、反火炮作战及为直升机护航。其代号CSH（Combat Support Helicopter）就是战斗支援直升机的意思，后来由于要对付越来越多的苏制米-25"雌鹿"武装直升机，于是增加了反直升机与防空任务。为此，对CSH-2的技术性能提出了以下要求：在强火力作战环境下生存性好，出勤率高，能昼夜作战；飞行员工作量少，导航精确；续航时间长，有大的转场距离；为部署到远离维护中心的地方作战，维护性与可靠性要好；应具有在沙尘环境中的作战能力。此外，还要求CSH-2能与南非陆军现有的指挥、控制和通信系统相适应，并能在南非现有工业的基础上制造，使用寿命30年。

南非常年高温，自然环境复杂，飞行条件恶劣，尤其是游击战术的广泛应用，使得南非面临危机四伏的境地。但又恰恰是如此恶劣的环境，才成就了"茶隼"这种优秀的武装直升机。"茶隼"有许多绝活，快速隐蔽接敌进行突然出击就是"茶隼"的拿手好戏。这得益于它装有大量先进的航空电子设备，具有杰出的贴地战术飞行灵活性和远距离目标探测发现、截获、跟踪能力，极大地减少了被探测发现的可能性。可借助地形障碍物作掩护，在贴近地面的高度上隐蔽接近目标，再跃升、悬停、瞄准、射击，然后下降高度，利用天然障碍物，迅速避开敌方的火力系统，这样暴露时间短，敌方来不及做出反击，因而能取得最佳的作战效果。

"茶隼"内藏式进气道和红外抑制的排气管都能降低噪声，减少声学探测性。在丛林地带，人们听到"云雀"直升机飞来时，还要等5分钟时间才见到它，可听到"茶隼"的声音时，它已到跟前了，这段时间只有10～15秒。这是"茶隼"进行隐蔽突袭的过硬本领。

对攻击直升机威胁最大的是红外制导导弹，因此抑制和减少直升机的红外辐射源，是提高直升机战场生存力的有效措施之一。在这方面，"茶隼"有它的高招。它的机身是"苗条"型的，窄而细长，正面横截面积小，它的座舱采用平直风挡玻璃，侧窗玻璃微曲，在任何方向都使太阳反射最小。机身表面采用伪装涂料，降低了被敌方红外瞄准系统探测的可能性。它的发动机设有红外抑制装置，能抑制发动机的高热部件和排出的高温燃气。发动机与吸入的冷空气以1∶1混合来降低排出燃气温度，并使其被遮挡屏蔽向

"茶隼"直升机

上偏斜排出。这些抑制措施使"茶隼"的红外特征信号在 0～5 微米范围内减少了 96%。

"茶隼"的生存性采用了阶梯式原理：首先是不被探测，若被探测，则力求不被击中；若被击中，则力求不坠毁；若坠毁不可避免，则力求坠后生存。"茶隼"一旦被对方的雷达发现，告警器便自动报警，飞行员便可施放箔条或打开干扰器，施以欺骗和干扰；当被敌红外导弹跟踪时，可以打开红外干扰器干扰，令其无法跟踪，或者施放红外诱饵把导弹引开。这便增强了"茶隼"的生存性，使其不易被击中。

"茶隼"的抗坠毁能力也比较突出。它的三点式后摇臂式起落架在以 10 米/秒的下沉速度撞击地面时，可以吸收撞击能力的 50%。耐坠毁的座椅和机身结构能逐级吸收掉其余的撞击能量。在下沉的同时，坠毁传感器和易断连接器会自动切断电气与燃油系统，有效防止直升机起火。若在下沉撞击地面舱门变形打不开时，飞行员则可操纵按钮将舱门炸开，获得自救。尾桨被打掉后直升机还能继续飞行。前风挡玻璃能承受 1.8 千克重的大鸟以 278 千米/小时强度的撞击。可见，"茶隼"即使受伤甚至坠毁，仍能保全机组成员的性命。

在直升机家族中，振动几乎是直升机的通病，可是"茶隼"却达到了完美的境地。"茶隼"的设计者为使用者着想，振动抑制装置设计得很科学。它的振动抑制装置采用可调的柔性模式，把旋翼和主减速器与机身隔离开，通过调整能对各种频率起反共振作用，使旋翼的振动减少 90%。这样，"茶隼"的振动

"茶隼"直升机

就与固定翼飞机的振动差不多了。

1994年5月，"茶隼"首次在米德尔瓦洛普国际航展上展出，随后不久在法恩伯勒航展展出。"茶隼"的表现赢得了飞行员的赞扬。2006年8月14—21日在南非布隆方丹市召开的战术研究演练活动中，南非空军第16中队"茶隼"与其他武装部队共同进行了首次武装护航和空袭实战演习，演习中使用了20毫米口径机炮和2.75英寸火箭。这也是近年来最大规模的直升机军事行动，有12架直升机参与行动。

南亚飞鹰——印度"极地"轻型直升机

"极地"先进轻型直升机（ALH）概念最早可追溯到20世纪70年代的轻型武装直升机项目。由于军方新的要求不断增多，而印度当时的国防科技水平难以满足这种需要，使这种轻型武装直升机发展计划草草收场。1976年，印度政府拨款2.74亿卢比支持研制单发轻型武装直升机。印度与法国等国家合作，利用外国技术相继成功仿制出"印度豹"和"猎豹"等轻型多功能直升机，其中"猎豹"直升机大量装备印度军队。"印度豹"和"猎豹"直升机的仿制成功，不仅极大地鼓舞了印度发展更先进直升机的士气，也为此后的研制工作奠定了技术基础。

"极地"直升机

20世纪80年代中期，"极地"先进轻型直升机发展计划再次提上议事日程。印度最大的国防承包商——印度斯坦航空有限公司着手这项研究工作。1992年4月，印度内阁正式批准拨专款39.1亿卢比支持"极地"的研制工作，共制造了4架原型机（2架基本型PT-1和PT-2，1架空军/陆军型PT-3，1架海军型PT-4）。其中：第一架原型机于1992年6月29日出厂，1992年8月30日首飞；第二架原型机于1993年4月18日首飞；第三架空军/陆军型原型机于1994年5月28日进行了首飞；第四架带有3轮着陆齿轮的原型机于1995年12月23日首飞。1996年底，印度国防部与印度斯坦航空有限公司签订了第一批100架的采购合同。但是，项目赞助商德国MBB公司因财务困难而减慢了此项目进程，印度斯坦航空有限公司与印度军方之间在结算高级轻型直升机的意见分歧又进一步耽误了此进程。由于印度1998年5月的核试验，美国对印度实施经济制裁，限制了原定的由轻型直升机燃气涡轮发动机公司生产的800型涡轴发动机的生产，迫使印度斯坦航空有限公司改用功率较低的梅卡涡轮发动机公司的TM333-2B型涡轴发动机。

2002年3月18日，印度海岸警卫队成为第一个接收"极地"（编号CG-851）的单位，并在班加罗尔举行了交接仪式。3月20日，印度陆军得到了首批3架"极地"（编号IA-1101、IA-1102和IA-1103）；3月28日，印度海军得到了首批2架"极地"（编号IN-701和IN-702）；3月30日，印度空军得到了首批 2 架"极地"（编号 J-4041 和 J-4042）。印度斯坦航空有限公司希望自己的生产线能在 2003—2004 财年和 2004—2005 财年以每年 24 架的产量稳定生产。

"极地"重 4～5 吨，具有多功能、低成本、装备先进等特点。"极地"结合了带弹性轴承的无铰链合成主底盘，具有完整的动力传送系统、全数字引擎控制和防撞合成机身。"极地"能在高海拔飞行，拥有海平面高度起飞能力和高速飞行能力。"极地"既是装备优良的武装直升机、有效的运输机、反潜艇作战/反水面舰艇作战直升机，也是用于搜救和撤退伤亡人员的平台。

"极地"机身长 12.89 米，机高 3.76 米，翼展 13.2 米，净重 2.216 吨，最大重量 5.5 吨，最大平飞速度 289 千米/小时，实用升限 3000 米，负载 1.5 吨时的最大航程为 414 千米，最大燃烧时航程可达 810 千米，续航时间为 4 小时，有效载荷 1.4 吨（最大限重 1.5 吨）。由于装备声呐、雷达、电子监视系统、鱼雷、深水炸弹和反舰导弹，"极地"成为世界上最灵敏且反应迅速的反潜战和空中监视平台之一。又由于其装备机炮、火箭、空空导弹和第 3 代反坦克导弹，因而"极地"兼具攻击和防御能力。

"极地"采用先进旋翼结构、带后掠翼梢的 4 叶无铰链主旋翼，旋翼由弹性复合纤维材料制成，安装在复合材料制成的星形连接装置上，在垂直尾翼右弦安装一个 4 叶片无轴承尾旋翼。在机身与主变速箱之间有一个由 4 个隔离部件构成的防共振隔离系统；还有一个固定的尾部水平安定面及综合传感系统。机身

武装版的"极地"直升机

大量使用复合材料,占直升机总重量的29%。机舱容积为3.1米×1.35米×950毫米,无铰链合成主底盘提供了良好的机动性和免维护操作。先进的叶片外形保证了低噪声、高速度和有效的起飞。先进的驾驶员座舱减少了飞行员的工作量。广泛使用合成材料保证了较长的使用寿命和较低的成本。可靠性高是由于有完善的应急系统。易于养护是由于主要系统有组合式设计和内装式测试设备。对动力系统的组合,不仅提供了低空攻击能力,而且增强了安全性和可靠性。"极地"按联邦航空条例和美国军方的国际设计标准研制,其设计迎合了陆、海、空三军及民用部门的需要。

"极地"拥有多功能性。它在海上、高海拔地区、

"极地"直升机

沙漠及恶劣的环境条件下同样易于操作。陆军型和空军型的"极地"装有机炮、火箭、空空导弹和第3代反坦克导弹,兼具攻击和防御能力。海军型的"极地"装有声呐系统、监视雷达、电子监视系统和战术任务系统,且配备执行反潜和反水面舰只任务的鱼雷、深水炸弹和反舰导弹。

印度自行设计制造的大型装备一向以设计要求高而实际质量差闻名,直升机偏偏又是一种质量要求严格的复杂系统。"极地"到底能飞多高、跑多远,还需要用事实说话。

高原"撒手锏"——
印度"普拉昌德"轻型直升机

"普拉昌德"直升机是由印度斯坦航空有限公司借鉴欧洲直升机技术,在"极地"基础上发展而来的轻型战斗直升机(英文简称LCH)。20世纪70年代,印度军方迫切需要直升机解决北部山区和边境地区作战、运输、救援等难题,决定大量购买直升机。他们除向国外购买外,还通过引进法国"云雀"等直升机技术,研制了"印度豹""猎豹"等直升机。但这些直升机既不能适应高原山区的要求,也不能满足作战运输、救援等需要。印度需要一种既适应高原作战环境,又能击落无人机和低速飞行器,摧毁敌方防空系统、坦克装甲目标和其他车辆及地面有生力量,护送运输的直升机。该机名为"普拉昌德",有"凶猛"之意。

20世纪80年代,随着印巴关系的不断恶化,克什米尔地区也急需这种高原多用途直升机。为此,印度斯坦航空有限公司与德国MBB公司合作研制了"普拉昌德"。印度军方除要求这种直升机具有高原性能外,还对火力

"普拉昌德"直升机

提出了很高的技术指标，要求其武装型机头能装载带旋转炮塔的机炮、火箭发射器、反坦克导弹及空空导弹。此外，还必须配备新一代航空电子设备，特别是能够对地面和水面进行搜索的雷达系统。

"普拉昌德"的研制始于1984年。该机原计划1999年实现量产，但由于1998年印度进行了核试验，欧美各国对其实施一段时间的武器禁运，"普拉昌德"原型机无法获得欧洲MBB公司的发动机，开发计划不得不暂停。西方国家对印度解禁后，"普拉昌德"研发计划继续实施，但比原计划的时间推迟了两年投产。2002年3月18日，第一批两架"普拉昌德"进入印度海岸警卫队服役。当年还有11架"普拉昌德"装备印度陆军，2架装备印度空军，2架装备印度海军。

"普拉昌德"采用非铰接式结构4叶主旋翼，由碳纤维复合材料制成。主旋翼翼尖后掠，翼型结构先进，拥有一副强有力的4叶尾桨，位于尾梁右侧。在尾梁末端，是无尾梁式尾翼和小尺寸的端板式双垂尾。"普拉昌德"主要依靠欧洲直升机技术，其大部分技术和材料都来自欧洲，只有40%的部件是自己生产，特别是发动机，由法国和印度斯坦航空有限公司联合研制。"普拉昌德"能容纳一个驾驶员和一个后排副驾驶员，其中副驾驶员主要操控空空/空地导弹、20毫米炮、集束炸弹、非制导火箭弹、榴弹发射器和反辐射导弹。"普拉昌德"机体结构先进，为减少雷达反射，采用了隐身技术，广泛采用了凯夫拉、碳/凯夫拉和玻璃纤维等复合材料。复合材料占到了整体结构的55%和蒙皮的60%，其机头、舱门、整流罩和大部分尾翼都由凯夫拉材料制成，只有中心舱等部位采用了传统的铝合金结构。"普拉昌德"动力装置也十分先进，适合高原飞行，新发动机被印度称为"力量"，比 TM333-2B2 涡轴发动机（最大功率 900 千瓦）功率提升了近 30%。起落架和机体下部均经过了强化设计，可在直升机以 10 米/秒的速度垂直坠落时保证飞行员的安全。

"普拉昌德"拥有先进的机载设备，其基本的机载设备包括多频段无线电设备、敌我识别系统及对抗设备、多普勒导航系统、真空速系统、无线电高度表和无线电罗盘，也可以选择换装气象雷达和"欧米

"普拉昌德"直升机

伽"导航系统。"普拉昌德"装有光电吊舱和用于提高传感功能的显示装置，还装有红外瞄准和导弹预警系统、多普勒 GPS 导航系统，可以进行海上与空中侦察与监视。

"普拉昌德"具有强大的武器系统，可挂载 4 枚空空导弹或 8 枚反坦克导弹，装有 20 毫米航炮、集束炸弹、非制导火箭及能对付无人机的导弹，主要任务是打击坦克装甲目标和其他车辆及地面有生力量，击落无人机和低速飞行器，摧毁敌方防空系统，护送在特种作战中运输兵员的直升机。

"普拉昌德"机身长 15.87 米，主旋翼直径 13.2 米，机高 4.91 米，起飞重量 5.5 吨，载重 2.6 吨，可携带 1.1 吨燃料。最大速度 275 千米 / 小时，最大飞行距离 650 千米，最大滞空时间 4 小时。就整体技术性能来说，"普拉昌德"非常接近欧洲的"虎"式，但是只能携带 4 枚导弹和 24 枚火箭弹，攻击力弱。"普拉昌德"是一种专门针对在高海拔区域作战而研制的直升机，具有很好的高原性能，可在海拔 3000 米的机场起飞，在 5000 米的高度使用机载武器系统，并能遥控无人机执行任务。

东瀛空中英豪——
日本 OH-1 "忍者" 侦察直升机

OH-1（绰号"忍者"）是日本川崎重工于 20 世纪 90 年代初开始研制的一种轻型武装侦察直升机，用于替代日本陆上自卫队现役的 OH-6D 轻型武装侦察直升机。

"忍者"直升机

"忍者"是日本自行研制的第一种军用直升机，以往日本的直升机都是美国、德国设计，凭许可证在日本生产组装。"忍者"研制计划于 1994 年 9 月 2 日设计定型，1996 年 8 月 6 日首飞。这项计划是由日本防卫省技术研究本部为主导，主承包商为日木川崎重工业公司，三菱重工、富士重工等参与研制。这三家公司于1992年10月1日组成1支由83名技术人员组成的侦察直升机工程组，川崎重工宇宙技术本部直升机设计部的齐藤光平担任总设计师，正式开始OH-X的设计工作。防卫省也在1993年度预算中拨出102亿日元用于OH-X的细节设计与相关试验。三菱重工在1992年时开始制作3台验证用的XTS1-1涡轴发动机，并从1993年开始进行地面运转测试及高空模拟测试。XTS1-1即为日后OH-X原型机采用的XTS1-10发动机的原型机。

OH-X的总体设计于1993年12月完成，同时工程组也正式决定采用XTS1-10作为OH-X试验阶段的发动机。防卫省在1994年度预算中拨出500亿日元的经费（相当于前一年的5倍）来制造用于飞行测试的1、2号原型机与地面试验用的01、02号机。另外，研发小组同时还制作了1架供有关方面审查原型机整体设计的全尺寸木质模型，木质模型于1994年4月13—15日通过了防卫厅省的审查。9月2日，防卫省首次对外公开了OH-X直升机的全尺寸模型。全尺寸模型通过审查后，防卫省拨出包括制造飞行试验用的3、4号原型机在内的1995年度经费，总额约为230亿日元。连同1996年度经费在内，OH-X计划进行至此已花去了888亿3500万日元的开发预算，比1991年估计的780亿日元超出了约100亿。

OH-1的原型OH-X于1996年8月初首飞成功，于1997年生产，2000年服役，逐渐淘汰了美制

OH-6D 直升机。该型直升机共制作了 4 架样机：1 号样机于 1996 年 8 月 6 日做了首次飞行，1997 年 5 月交付给技术研究本部；2、3 号样机于 1997 年 6 月交付，4 号样机于 1997 年 8 月交付。日本陆上自卫队 1997 年度采购了 3 架 OH-1，1998 年度采购了 2 架 OH-1，1999 年度又采购了 4 架 OH-1。

1999 年初，4 架 XOH-1 原型机已累积 450 小时的飞行时间，飞行包线测试与侧滑飞行限制试验也都已完成。稍后在 1999 年年中，技术测试接近尾声时，4 架原型机也移交给飞行开发实验队，准备进行接下来的使用测试。原型机的测试工作历时 3 年，在首批 OH-1 量产型于 2000 年 1 月 24 日正式交给防卫省后，飞行开发实验队也随之功成身退，于 2000 年 2 月解散。

OH-1 主要用于侦察敌方地面目标情况，将获取的信息传给 AH-1 等日本武装直升机和地面指挥机关，以便于发起攻击。除侦察用途外，OH-1 也能胜任一定的对地攻击和空战任务。川崎重工在 OH-1 获得成功后，向日本自卫队提出研制其改型 AH-2 型专用战斗直升机，以替代 AH-1 武装直升机。但从当时来看，日本自卫队更倾向进口 AH-64D 或 AH-1Z 等成熟的武装直升机。

OH-1 使用了大量复合材料，采用日本航空工业的 4 片碳纤维复合材料桨叶 / 桨毂、无轴承 / 弹性容限旋翼和涵道尾桨等最新技术。纵列式座舱内装有其他武装直升机少有的平视显示器。尾桨有 8 片桨叶，采用非对称布置，降低了噪声，减少了振动。OH-1

飞行表演时发出的声响明显小于 AH-1 武装直升机。OH-1 攻击力很强，装有 20 毫米 M197 型 3 管 "加特林"机炮（AH-1 装有相同的机炮），短翼下可挂载 4 枚东芝 -91 型空空导弹或 2 吨重的其他武器，如 "陶"式反坦克导弹和 70 毫米火箭发射器等。

川崎重工研发的复合材料成形技术，成功将全复合材料无轴承旋翼实用化，使得 OH-1 的桨叶可抵挡 12.7 毫米枪弹的攻击。OH-1 装两台三菱重工研制的 XYS1-10 涡轴发动机，功率为 660 千瓦，自身重量较小。

OH-1 机身长 12 米，机高 3.8 米，机身宽 1 米，全重 3.5 吨，最大设计速度为 280 千米/小时，在 10 米贴地高度速度可达 55 千米/小时，活动半径 200 千米。机身两侧各挂一个副油箱，续航时间为 1 小时。

OH-1 虽是为执行侦察和观测任务而设计，但机身结构却采用典型的攻击直升机布局，其驾驶舱为双座纵列式，机身宽度仅 1 米，因此正面投影面积极小，在执行侦察任务时被发现概率极小。前座为主驾驶员，后座为副驾驶员兼侦察员，前后座舱均设有抗冲击的装甲防护座椅，可在坠落时吸引冲击能量以保护乘员。后座座椅的位置较前座略高（40～50 厘米），使前后座舱均获得了非常良好的视野，座舱侧面的玻璃还有稍微向外突击的设计，可进一步改善下方视野。平板透明玻璃座舱盖由座舱右侧朝上打开，供飞行员进出，机身侧面开有多个大型检修口，便于地勤人员的维护整备工作。OH-1 的起落架采用不可收放的后三点式，具有可吸收冲击能量的液压双腔减

"忍者"直升机

振器，可在一定的下降速度范围内吸收坠落的冲击。虽然OH-1采用轮式起落架，但在必要时也能选装滑橇式起落架。

OH-1拥有陆上自卫队现役军机中最先进的人机界面，前后座舱都安装有2具横川公司的多功能显示器（MFD），可显示各类导航、飞行、射控、机况等信息，以及由前视红外系统、电视摄像机等传感器传来的影像，前座正驾驶舱另装有1具岛津公司的抬头显示器，可显示飞行资讯与武器状态符号。比较特别的是，前座的2具MFD在仪表板上以横列方式布置，而后座副驾驶兼侦察员舱则给瞄准装置控制面板留出了安装空间，将2具MFD改为纵列布置，前后座舱都各有1套完整的总距操纵杆手柄系统，必要时后座的侦察员亦可接手操纵飞机。

川崎重工与技术研究本部自1975年开始研究先进旋翼技术，而川崎重工独立进行的全复合材料无轴承旋翼技术开发也有15年以上的时间，OH-1就是川崎重工该项技术的首次正式军事应用。OH-1杰出的旋翼设计还曾使OECET获得防卫省财团法人防卫技术协会颁发的平成九年度（1997年）"防卫技术发明赏"，以及美国直升机协会颁发的1998年度"霍华德·休斯纪念奖"。除OH-1外，至今世界上也只有EC135、贝尔7430、麦道MD900、RAH-66等几款直升机采用类似的无轴承、无铰接式桨毂设计。与这些机型相比，川崎重工的无轴承、无铰接桨毂也是同类设计中阻力最低的一款。

单就直升机技术而言，对首次完全独立进行直升机研发的日本航空工业来说，OH-1的研发与量产过程可说是一帆风顺，并创下"首架完全由日本自主研制的直升机""首台日本自制的涡轴发动机"等多项"日本第一"的纪录，而机上所应用的全复合材料无轴承旋翼、涡轴发动机与机载传感器等系统，也都是能与欧美最新型直升机比肩的先进装备。最大的缺点是由于产量过小，以致造价过于昂贵，不过这也是日本自制装备的"通病"，而非OH-1独有。

● "忍者"直升机

高丽猛禽——
韩国 KUH-1 "完美雄鹰"通用直升机

KUH-1（绰号"完美雄鹰"）是韩国航天工业公司以 AS332"超美洲豹"为基础发展而来的通用直升机，它的研制成功使韩国继成为世界上第 12 个开发出超声速飞机的国家后，又成为世界上第 11 个开发出直升机的国家。

2006 年 6 月，韩国国防部准备投入 10.5 亿美元发展韩国国产直升机，用于取代韩国陆军老化的美制 500MD 和 UH-1H 直升机。韩国航天工业公司和欧洲直升机公司最终赢得此项目。双方最初协议从欧洲引进关键技术，但法国却拒绝把旋翼桨叶设计制造等核心技术转让给韩国。在多次协商未果的情况下，韩方决心完全靠自己的力量研制。在研制过程中，有数百家韩国企业积极参与，从而实现了 90% 零部件的国产化，另外 10% 的零部件依然要从外国进口，其中就包括两台美国通用电气公司的 T-700 涡轴发动机。

"完美雄鹰"于 2010 年 3 月首飞，一共试飞 2000 架次左右。2012 年 12 月至 2013 年 2 月，"完美雄鹰"在美国阿拉斯加成功完成 50 架次极端严寒天气试飞，航程超过 1.1 万千米。2013 年 3 月底，刚刚宣告"完美雄鹰"完成开发的韩国航天工业公司就接到了韩国政府大约 200 架的订单。值得一提的是，韩国原计划在"完美雄鹰"的基础上研制 KAI 国产中型武装直升机，但该计划最终夭折。

"完美雄鹰"直升机

"完美雄鹰"配备了全球定位系统、惯性导航系统、雷达预警系统等现代化电子设备，可以实现自动驾驶，在恶劣天气及夜间环境执行作战任务，以及有效应对敌人防空武器的威胁。"完美雄鹰"驾驶员的综合头盔能够在护目镜上显示各种信息，状态监视装置能够检测并预告直升机的部件故障，装于两侧舱门口旋转枪架上的新式7.62毫米XK13通用机枪，配有大容量弹箱及弹壳搜集袋，确保火力持续水平。"完美雄鹰"续航能力在2小时以上，可搭载2名驾驶员和11名全副武装的士兵。"完美雄鹰"可以遂行作战和搜救任务，对于多山的韩国来说可谓是量身打造的。

　　"完美雄鹰"的桨毂采用纤维弹性体设计，由复合材料板、钛合金中心件和弹性轴承组成。这种柔性桨毂安全、可靠，可以避免采用挥舞铰、摆振铰和变距铰的全铰接式桨毂所存在的结构复杂、重量大、维护量大及寿命低的不足，对减少维护量和提高出勤率都大有好处。主旋翼为4片桨叶、全铰接结构。复合材料制成的桨叶，采用优化的抛物线外形，叶尖后掠，当直升机在高速飞行时具有低噪声特性并能提高升力。利用桨叶剖面的复合材料挠曲特性，桨叶可做挥舞和摆振运动。尾桨也是采用4片由复合材料制成的桨叶，前缘用金属防蚀片加以保护。与全金属桨叶相比，复合材料桨叶重量大为降低、升力效率高，而且使用寿命更长（几乎与直升机的服役年限相同），噪声更低，不会出现金属桨叶易出现而又不易被发现的金属疲劳问题。新一代电子监控系统可随时对旋翼系统及外界温度进行监测，通过除冰系统防止旋翼结冰，保证飞行安全。

"完美雄鹰"采用的涡轴发动机是由美国通用电气与韩国三星泰科联合研制的T700-ST-701K，每台输出功率1647轴马力。所谓的联合研制，实际上是韩国仿制。T700-ST-701K与美国"黑鹰"的T700-GE-701C涡轴发动机在结构上基本相同，只是改用了T700-ST-701D的核心机，功率也有所下降（美国原版为1800轴马力）。不过，T700-ST-701K采用了新的全权限数字式发动机控制系统，能更好地发挥发动机性能，降低油耗，提高可靠性。发动机两侧排气口加装的导流罩，可将废气引向后上方，降低了被红外制导的便携式防空导弹打击的概率。与发动机配套的传动系统、主减速器、尾减速器等设备都是由欧洲直升机公司提供技术，三星泰科负责生产。

"完美雄鹰"的驾驶舱实现了"玻璃化"，用4块大尺寸多功能彩色液晶显示器、3块中等尺寸的彩色液晶显示器和2块小尺寸彩色液晶显示器来显示各类信息，大大减轻了飞行员的操作负担，使驾驶舱变得更加整洁。驾驶舱内装有抗坠毁座椅，可根据飞行员体型调节，以达到最舒适的乘坐状态，两侧舱门为向前开启式。在机身中部两侧各有一扇推拉式舱门，可供载员快速出入或者快速装卸小件货物。

作为通用直升机，"完美雄鹰"运送人员是一项重要任务。该机配备的飞行员为2名，这是固定编制。载员有多种方案，采用比较多的有两种：2名飞行员+2名机枪手+9名全副武装的士兵；2名飞行员+16

"完美雄鹰"直升机

名全副武装的士兵。

"完美雄鹰"全长19米,机身长15.09米,旋翼直径15.8米,机身宽2米,机高4.5米,空重4973千克,最大起飞重量8709千克,最大有效载荷3753千克,巡航速度259千米/小时,续航时间为2小时以上,航程500千米以上,悬停升限3048米。

"完美雄鹰"能以140米/分钟的速度垂直上升,并可在海拔2700米上空进行悬停。"完美雄鹰"在半岛的任何地区,都可以进行攻守、救助和搜索任务,这对于多山的韩国来说非常实用。

"完美雄鹰"配置了数字地图和卫星导航、惯性导航装置,可以自动驾驶。飞行电脑和全方位红外观测装置,可让其在恶劣天气及夜间环境下执行作战任务。综合头盔显示装置可以在驾驶员的头盔护目镜上显示各种信息。机上装有导弹告警装置和雷达预警接收机，会在第一时间探测到导弹威胁，并发射金属箔条和照明弹实施干扰。状态监视装置能够监测并预告直升机的哪些部件需要进行替换，以预防故障的发生。

韩国现在实现了"完美雄鹰"90%零部件的国产化，只有10%的零部件依靠进口，但这10%却是决定"完美雄鹰"生产进度和数量的关键，因为这10%都是涡轴发动机和传动系统的零部件。在研制KUH-1之初，韩国就把动力传动系统、旋翼系统、自动飞行控制系统并称直升机国产化的三大核心要素，然而发达国家并不愿意向韩国进行技术转让。通用电气提供的T700-ST-701K涡轴发动机就将功率进行了缩水，而且只向韩国转让生产技术，却不传授设计奥秘。此外，在发动机的一些关键零部件上也是只提供成品。欧洲直升机公司更是"抠"得厉害，原先答应的旋翼系统、传动系统、主减速器技术都没转让给韩国，而自动飞行控制系统也是降低了功能才转让给韩国。最后，急得团团转的韩国人还是依靠自己的力量解决了旋翼系统的国产化问题，但是对于传动系统、主减速器等技术，韩国人无力解决，只能一遍遍催欧洲直升机公司，然而欧洲直升机公司却坚称"已经切实履行了包括技术转让在内的合同要求"。根据韩国监查院的调查，在构成传动系统的450多个零部件中，宣称要实现国产化而与欧洲直升机公司签订合同的零部件只有134个，其中真正获得技术转让并可以进行量产的零部件迄今只有80多个。经证实，2012年6月至今生产的所有"完美雄鹰"和"黄头

"完美雄鹰"直升机索降训练

海雕"直升机,传动系统均是欧洲直升机公司提供的成品。动力传动系统对任何航空器项目都是关乎生死的核心技术,而这些核心技术却长期被航空发达国家垄断。"完美雄鹰"10%不能国产的零部件,说明了韩国与发达国家之间在航空技术方面的巨大差距。也正因如此,韩国监查院认为,投入1.3万亿韩元进行的KUH-1"完美雄鹰"的国产化工作已经宣告失败。

波斯空中骄子——
伊朗"风暴"武装直升机

"风暴"武装直升机是伊朗以美国贝尔直升机公司 AH-1J"海眼镜蛇"直升机为母型发展而来的,作战性能并不逊于后者。

21 世纪以来,伊朗一直希望提高主战武器的国产化水平,而仿制手头现有的欧美装备就成了一条不错的捷径,"风暴"武装直升机就是在这种背景下诞生的。伊朗国防部长瓦希迪对"风暴"十分满意,他说:"这是(伊朗)在武器国产化方面取得的巨大进步,也为民族国防航空工业争得了极大荣誉。"

2010 年 4 月底,伊朗海军正式接收了 10 架伊朗国产"风暴"。伊朗军方认为,一旦在伊朗本土附近爆发冲突,如能控制波斯湾就可掌握战场主动权。由

"风暴"直升机

于在战机和水面舰艇方面落后太多，伊朗一直希望凭借"非对称战术"加以弥补，但用快艇突袭先进战舰有很大难度，而武装直升机在速度和突防能力方面更有优势，在实战中可控制大面积海域。伊朗将"风暴"装备海军可能就是出于这种考虑。2013年1月，伊朗又公布了"风暴"Ⅱ武装直升机。"风暴"的A/A49E炮塔内装有一门20毫米口径"加特林"转膛机炮，短翼可以挂载70毫米口径火箭发射器和两具反坦克导弹发射器，使之具备了较为完善的对地压制能力。"风暴"的座舱整合了GPS系统，机尾加装了警告雷达，还装有多功能屏幕显示器和先进的通信系统。由于螺旋桨应用了新式复合材料，直升机的使用寿命也大为增加。

"风暴"直升机